大学四年，如何让自己快速增值

夏烈教授给未来精英的15条真诚建议

夏烈
（夏祖焯）著

中国青年出版社
CHINA YOUTH PRESS
中青文传媒

图书在版编目(CIP)数据

大学四年，如何让自己快速增值：夏烈教授给未来精英的15条真诚建议 / 夏烈著.
—北京：中国青年出版社，2017.9

ISBN 978-7-5153-4800-1

Ⅰ.①大… Ⅱ.①夏… Ⅲ.①大学生－成功心理－通俗读物 Ⅳ.①B848.4-49

中国版本图书馆CIP数据核字（2017）第164622号

大学四年，如何让自己快速增值：夏烈教授给未来精英的 15 条真诚建议

作　　者：夏　烈（夏祖焯）
责任编辑：肖　佳　庞冰心
美术编辑：李　甦
出　　版：中国青年出版社
发　　行：北京中青文文化传媒有限公司
电　　话：010-65511270/65516873
公司网址：www.cyb.com.cn
购书网址：zqwts.tmall.com　www.diyijie.com
印　　刷：北京慧美印刷有限公司
版　　次：2017年9月第1版
印　　次：2017年9月第1次印刷
开　　本：880×1230　1/32
字　　数：158千字
印　　张：7.25
京权图字：01-2016-5867
书　　号：ISBN 978-7-5153-4800-1
定　　价：32.00元

谨以此书献给先慈林海音

赞 誉

很高兴为夏教授面向大学生而写的《大学四年，如何让自己快速增值》一书的出版写几句。

我和夏教授同为台北“建国中学”的校友，他是我的学长，比我高不少班级，我们应该没有同时在学校过。但是，他写的关于“建中”的一些回忆性的文章，让我读后，却有一股“建中人”特有的豪情、率真之气，在毕业多年后，不觉油然而生之感。

我和夏教授的认识，缘于十多年前，在北京纪念其母林海音女士的会上。以后，我们便有往来，夏教授也曾寄送他的著作给我。

而我们比较深谈的一次是2009年，我回台湾清华大学母校客座时，夏教授那时也正好在校园。

我相信夏教授这本书在大陆出版，必然能得到大陆年轻学子的欢迎，不仅仅是他所写的内容是大学生们所关注的事情，更重要的是，夏教授以他在台湾和海外丰富的人生阅历所倾注给年轻学子们的是一股具有海峡对岸特质的温馨之风。

说来也巧，去年我也曾以在北京清华大学任教多年的视角，在台湾出版了我为台湾青年学子而写的一本书——《荷清苑书简：与台湾青年朋友的通信》。

我和夏教授所关注的视角可能有所不同，但异曲同工的是，我们都为两岸的交流而有所为。

我想，夏教授和我在这点上是共同的，一如，我们当年的建中校歌之所言“重建灿烂的新中华”。

——吴国祯（清华大学物理系教授）

大学生如果只是读书，就太可惜了。念大学应该是探讨自己的兴趣及长处，从而决定人生的方向：是选择一个专业，是做学术研究，是教育教学，或是从商从政。夏祖焯教授博学博识，没有保留地提供了一个人生的指南针，是多么的难能可贵。

——李小玉（哈佛大学医学院临床及生殖医学教授）

夏教授的《夏烈教授给高中生的19场讲座》一书得到广大读者的喜爱和热烈反应，其实早在我的意料之中。尤其是对高中就学及将要就读高中的学生们，无疑是在成长过程中必读的指导课本。然而，相对于比较早熟的西方孩子，中国孩子大多要到上了大学后，心智发展才渐成熟。于是，对大学生的辅导就更为重要了。很高兴知道夏教授即将出版这本针对大学生的指导书，相信这本书会再次得到广泛的好评和采纳。洞彻人生智慧的夏教授，对培养青年学子健全的人生观，及历练他们成为未来国家社会的中坚，的确是功不可没。

——黄绍光（美国哈佛大学磁共振实验室及贵重仪器中心主任，美国马萨诸塞州前州长亚裔顾问）

生命是短暂的，因此，要珍爱生命的每一秒；生命是美好的，可以在不违反公德的有限范围内，随心所欲享受人生，却不可盲目地人云亦云、随波逐流。一粒种子能长成参天大树，因此，生命又是永恒的。我们自我的努力是要贡献给这永恒的生命，我觉得这就是这本书的真正含义。

——陈敏（麻省理工学院物理系终身教授）

我与夏教授有时意见相左，但彼此尊重。基本上，我认为他是个诚实、诚恳、脚踏实地的人。

他的观点你不一定要同意，但这本书绝对值得一读，作为以后为人处事及思索的考虑因素之一。因为他的经验及思考是多层面的，细腻而言简意赅，不同于一般老生常谈。

——项武忠（美国文理科学院院士、普林斯顿及斯坦福大学教授）

作为一名年轻的大学教师，学生们常来向我倾诉心事。我发现这一代的年轻人有颇多焦虑与困惑，近一点的如选择什么专业、毕业后是留学还是工作，远一点的如该选择怎样的生活方式、人生是该听从内心的理想还是外界的期待，不一而足。而这些最令学生们纠结苦痛、辗转反侧的问题，反而是我们不会在大学课堂上教给他们的。谁来回答他们的问题呢？我发现，在夏祖焯教授的这本书中，青年的学生可以寻得他们上下求索的答案。这本书沉淀了一位睿智长者丰富的人生经验，而他又始终葆有一颗赤忱的童心，能够真正地体贴年轻人的内心，因此亦师亦友、娓娓道来。而在这些关于大学、关于职场、关于人生的心得背后，我看到的是一种人文主义的精神闪烁于其间，我想，这也是这本书最终将传递给读者的，令他们受益无穷的馈赠。

——林峥（香港中文大学教师，哈佛与北大联合培养文学博士）

一位土木工程师以父母传承的文学心，透视人生的幽回曲径与社会变迁的重重纠葛，委婉道来，让即将面对职场生涯的年轻学生，了解其中的酸甜苦辣与选择，也让成年人产生生命的共鸣。

——李嗣涔（台湾大学前校长）

夏祖焯教授一人跨三界，大学以前数学很好，但深知兴趣不在理工，还是留美取得工程博士学位；文学则曾获台湾“国家文艺奖”，有相当天分，兴趣却有限；最大的兴趣还是在社会科学。知识广博，见解精辟；在课堂上他除了教授专门科目外，也谈人生、宗教、爱情、社会、国际观、未来世界、职场等，对清华学生颇为启发。他书中一针见血的论调，相信也会协助在十字路口徘徊的大学生终生受用。

——陈力俊（台湾清华大学前校长）

人生是各种经验的累积，您看得多、走得远、想得深，您的人生就会更丰富、更顺畅。夏祖焯教授从一位杰出的工程科技博士，展现人文艺术的修为成就，其历练、思维自有不同的见地与心得。好好地欣赏这本著作，保证会给您内心有所震撼。

——黄煌辉（曾任成功大学校长，现任成大研究发展基金会董事长、飞航安全调查委员会主任委员）

这本书既表达了工程师的精确、理性及务实，也流露出文学作家的感性、浪漫、悲天悯人及艺术性，是一本坊间难以见到、与众不同的书。夏教授是他母亲林海音唯一的儿子，他们身体里流着相同的勇敢、正直、爱国的血液。

——龚明祺（曾任Sasol Wax USA石化公司副总裁，美洲中国工程师学会会长、理事长）

我退休前，长期担任首钢研究与开发公司的总经理，前来我单位就职的学士、硕士、博士一批又一批，工作表现却差异很大，有的三五年后即可担当重任，也有的则因不能胜任岗位工作被调离，这与他们在大学期间的表现有很大关系。比如，他们是否选择了与其兴趣、爱好、特长相一致的专业，是否养成阅读、思考与创新思维的习惯，是否通过跨领域学习开阔了视野，是否学会处理好各类人际关系，等等。夏祖焯教授的这本书，以他丰富的阅历、渊博的知识，用通俗易懂的语言、深刻精辟的见解，对上述问题做出了翔实又可行的解答。因此，此书对大学入门者来说，是一本必读的人生指导书。

——夏祖炽（曾任首钢研究与开发公司的总经理）

夏祖焯工学院出身，我观察到他有敬业的性格，敬业在企业界就容易出头及成功。我本想雇用他入福茂集团任要职，但他的兴趣在教育及写作——如此，福茂国际失掉一个人才，台湾教育界得到一个人才。夏祖焯来自文学世家，走了多年工程道路后，又回到文学及教育，竟然成功，也更适合他。我已九十四岁，在国内及国际上创业及争斗，身经百战，阅人无数。夏祖焯有他理想化的一面，但也是个实事求是的干练人才。这本书我只看过其中五篇，就这五篇，我就可判断出此书结合理想与现实，能有效指导大学生，不是那种天马行空或老生常谈的无用之书。

——张人凤（福茂集团创办人，董事长）

夏祖焯教授是少数同时具备科技人的理性分析与文学家的感性幽默的学者，他的这本书拜读之后，当下感到被敲了一记，那种醍醐灌顶的感觉妙不可言。是的，这就是年轻学生想要知道、需要知道的人生要课。夏教授以他丰富的人生历练，以及精辟独到的见解，再度为莘莘学子探讨重要思想课题，是一本非常值得大力推荐的好书。如果你无法亲自到场聆听夏教授的演讲，那么赶紧买到这本书好好研读一番，它会开拓你的视野，协助你建立独立思考的能力。

——吴惠瑜（曾任英特尔台湾区总经理）

大学是人生的一个重要过程。在进大学之前约十八年，父母家人，都不停地叫你“要听话”，结果教育出来一群缺少独立思考能力的学生。进入大学之后，没有任何再训练，突然要求学生做出正确的判断，要为自己的行为负责，这是“不教而战，贼夫人之子”。夏教授的书能够提供给对自己有期许的学生一些不一样的看法，期待未来二十出头的年轻人，也要有崇高的自我要求。

——白培霖

（华邦电子副总经理、台湾大专联考有史以来最高分纪录保持者）

夏祖焯像一个交响乐团，在他身上，综合了各类艺术特质，他有橄榄队球员的力，也有一支能舞动文学之美的笔，工学院出身的他，又具备工程师的身份，在杏坛和文坛均具影响力，人生智慧和处世经验更有独到的见解，这样一位理性、感性兼具的学者、作家，由他来写一本谈论大学生活和毕业后如何走出一条人生之路的书，真是再合适不过。我深信他的新书就是一道阳光和一片森林，会让我们读后呼吸顺畅，一如正迈向一条阳光大道！

——隐地（著名作家，尔雅出版社发行人）

在清华听过夏老师的演讲，对于一个理工科出身的人来说，夏教授很亲切，因为他是工程博士，他严谨而且实事求是，但他的眼界比一般的工科教授开阔许多，对生命和人性的认识很深刻，我很受教于他的演讲。如果你不能在现场聆听，那这本书一定要读。

——谢鹏（清华大学校友）

本书让你在大学里得到的不仅是单科的文凭，而是在一个超多元的学术平台中学习，在一个能提升自己的殿堂里发掘自己真正的兴趣。

——刘黎（北京大学校友）

夏老师的文章摒弃严厉的教条语句，对大学生们的建议以设身处地的方式娓娓道来，透过引领思辨的方式，使读者们在生涯规划时，不再盲目地处于被动，从而能以更宏观的视野面对挑战。

——王晶晶（复旦大学校友）

夏祖焯教授的书总是能刺激读者思考，字里行间满满的人生智慧。书中点出许多不论是大学或出社会后所应具备的能力及认知，看似容易，其实都隐藏着大道理。

——李晗（南开大学博士）

目 录

师知道你的能力、性格及兴趣，指导也容易，这种接触常有意想不到的效果。学生初接触教授，建议可问他当年如何对自己的领域发生兴趣，他的其他经验，如何学习这门课，而不是如何取得好成绩。

如果决心念研究生，我建议你学士后立即念。最好学士、硕士、博士念不同大学，最好城市及南北也不一样，如此暴露性强，视野开阔，老窝在一个地方容易生锈。别忘了，你的选择还可以是港澳台。至于是否出国留学及去哪国留学，得根据学习能力、爱好、经济能力、外语能力这四项做判断。

爱情令人憧憬、歌唱，也令人迷茫、喜悦、心碎。英雄美人都难过情关，何况凡人？但谈恋爱需要缘分，如果目的性太强，常会伤到自己或对方。当然，情场上许多事不可预料，也难以控制。

严肃阅读初时可能艰辛痛苦，但爬上山巅得窥大千世界之美，享受辛苦后的乐趣。严肃阅读除你个人所属科系的有关知识外，还有专业之外，类属通识课程的知识。这些知识在职场上可能发挥相当大的作用。如何养成阅读习惯？简单的一句话，就是不停地锻炼、自律、有毅力。

序言 犹见青山踏遍人未老

Hinc lucem et pocula sacra.（拉丁文：此地乃其启蒙之所及智慧之泉）

——剑桥大学校训

海明威在小说《乞力马扎罗的雪》（*The Snow of Kilimanjaro*）一开头写到该山位于赤道上，山巅却终年积雪，被当地土著视为一座神圣之山。有人在山顶发现一只风干的豹子尸体，豹子到山顶去做什么？没有人知道。

我的书桌上摆着一对猫头鹰雕像。猫头鹰不是讨人喜欢的鸟，但在希腊神话里它代表智慧。

聪明（intelligent）是智商高、学资历优良，或反应灵敏、耳聪目明；智慧（wisdom）则是一种深刻的体认，慧由心生。有智慧的人不见得聪明，但知进退，顾全大方向，寻求永恒。

两年前台北联合文学出版我的书《建中生这样想——给高中生的20堂人生要课》，北京的中国青年出版社编辑龙彬彬立刻邀约出该书大陆版《夏烈教授给高中生的19场讲座》，上万册短短数月内销售一空。旋即，台大附近专出大学用书的五南出版社陈念祖副总邀我写一本给大学生的书，书名为《大学的阳光与森林》。之后，中国青年出版社龙彬彬表示要出此书大陆版，数度来回，此书付梓。

写书给大学生内容不应该只停留在大学阶段，没有那么多好写的，而应包括为“未来”做准备。其实一个人40岁出头，各方面成熟已达到90%以上，再过30年只能增长不到10%，这包括生活、专业、人生观等各方面，而过了80岁可能越老越胡涂，也可能越有智慧。这本书有8章与大学生活有关，有7章是与毕业后的社会相连，最后附加数篇已发表过与我大学生活相关的散文，以追怀那个逝去的年代。你要问我，大学时快不快乐？我的回答似是而非：快乐也不快乐。

这本书以社会现象及知性报告为主，涉及到大学的理想与现实、就业职场、个人财务经济、生命过程等。理性的分析及结论不多，因为人的性格及价值观在大学时期已定型，以后随环境改变或受其他理论影响有限。如果大学生已成年，是否有为他们写一本书的必要？为什么他们自己不能摸索做判断？实际上，这本书我只是勾画出一个方向，多是铺陈事实及思考模式，大致写出应注意哪些，以及社会上的一些现象，最后做决定还是读者自己的。我看过一些鼓励青年上进的励志书籍，多是八股或高调，看了和没看一样。这种书有人写，有人出版，还有人看，和“我的座右铭”一样，是一种鸦片，很难促进有效的改进。

我曾是一个自由主义色彩浓厚、叛逆性强的青年，在台北因为“为匪宣传”（那时在台湾“共匪”就是中国大陆）的政治案件几乎不能出国念研究生。一转身，大学已离去那么多年，现在坐在桌子的另一边，转变为一个传统的老师，教起书来了。课堂上也教课本之外那些生活上、人性上、职场上、政治上、宗教上、公民道德上有关的物事，还有教发达国家欧美人及日本人的文化习俗及心态，这是因为我教外国文学，而且在国外住很久，对他们有相当的了解。大学教育的目的不能只是为了未来的饭碗做准备及预习，那索性就像欧洲一样设立许多职业学校算了。大学教育除了培养学术研究人才外，还要培养各行业的领袖或栋梁，所以大学生应该对所处社会及世界有多面的了解。只有这样教，才是一个成功的大学教育。

大学有它多彩多姿的一面，不同于高中的严谨及多方限制，大学自由得多，起码有选课的自由、上课时间的自由、上课座位的自由。因为如此，有些学生鬼混、打牌、全职兼差打工，也能混毕业。甚至有些一流大学不签到不点名，考试作弊老师睁一只眼，闭一只眼。也因如此，以后国家栋梁的为人做事态度就可想而知了。

随着大学数量的增加，各校教育方向不同，校内更具有着各种大学生。因为人的性格本来就不一样，由钻研学术到混学分的都有，尤其本科生是刚从高中笼子里放出来的鸟儿，忽然飞入自由的天空，困惑与迷茫伴随而来，所以常有“如果我再回到大一”这种文章出现。当然，许多大学生自律性颇强，成熟度够，很快看出自己需要什么。记得自己大二时就在犹豫是否由工学院转学到新闻系去，四年下来功课极糟，常常缺课，多数时间在橄榄球场、舞会、阅读尼采、电影院及约会女友中度过，几乎毕不了业。但是到美国念研究所却无问题，攻博士学位更是出类拔萃。为什么？因为年纪大心定了。友人李君与我小时玩在一起，不擅念书考试。多年后他告诉我那时看我们都考入好学校，他心里很慌，不知自己以后下场如何。我说你一个中学少年能有这种担忧，就代表可能成功。后来他从台湾凤山陆军军官校毕业，带兵，退役，成为成功富有的建筑开发商，在台北建大楼。我说这些，就是要告诉各位不是只有读书一条路。因为有许多人不擅读书考试，这条路走不顺并不是这辈子就完了，人的一生上上下下，没有人永远是赢家。但是成功的人永远是那种在某一段时期相当努力，以及冒险。小聪明对读书或事业帮助有限，因为这世界上聪明的人太多了。

经常有人问我现在的大学生怎么样？尊师重道吗？留学外国吗？重视成绩吗？是不是一代不如一代啊？我的回答是“难以相比”。今天时代不同，起码我的大学时代没有互联网，要去封闭式的图书馆查数据；我的时代还有处女情结；两岸的国民所得巨幅增长了十多倍至数十倍，由贫穷进到小康；我的时代没有两岸的竞争，只有战争；每家好几个孩子，现在人口零成长……如此，大学生的心态也不可能相同，重点不同，资源更是不同，如何相比？请问：我那一代如何与抗战时的大学生比？那一代又如何与北洋军阀时的大学生比较？所谓“一代不如一代”正确吗？

人类早期由口语得到讯息，然后是报纸印刷物，再进步到收音机、电视、计算机，目前是用互联网（internet）及物联网（IOT）来了解世界。近百年科技以幂数的速率发展，本书中有一篇介绍未来发展，不知一年后有多少已过时或被取代，我年轻的助教就修正了一条。书中还谈到公民道德，我观察到任何一个强大的民族，如德、美、日，都是对自己民族有信心，以自己民族的文化为荣，要自强才能坚强，我们的大学生有民族信心吗？如无，为什么？书中还提到职场上的许多问题，因为社会越来越走向社会主义的市场经济或资本主义的商业社会，这些问题应该提出来讨论。

我在台北念中、小学，台南念成功大学，美国南部的得克萨斯州念硕士，又去北部的密执安州念博士，然后在美国各地工作，做工程师，也做行政工作；再回台湾教书，却教文学，可说经历丰富，感触良多，应该适合写一本给大学生的书。这本书不是理工，不是文学，反而应该归类为社会科学。如此，我是跨三大领域了。

教书生涯始自教授近代欧洲文学、美国文学、日本文学、文学与电影及现代中文小说与散文等课程，也担任过自然科学组的召集人，这是因为我的学士、硕士、博士全部是工程。到成功大学及清华大学去教书，是在台湾“教育部”“五年五百亿”菁英条款下被聘用。因为经历不同行业，居住不同国家，浸润不同文化，也跨越人文与科技两大不同领域，与各国各类的人交往。我把这些经历、思索、谈论化为文字，尽量地写成广而浅的章篇，避免做结论式的论述。书最后附录有三篇是与过去大学生活有关的散文，转载于此，以纪念那个一去不返的年代。

坊间没有一本这样的写给大学生的书，但单篇文章不可能少，多是励志性质或大道理铺陈，如溪水来来回回在山中回转。我已逐渐老去，这本书能否给年轻人一些指点，像堂堂流到山脚将出前村的那条涧流，还是了无新意的老生常谈？这种问题可能难以回答。

在快餐店写这篇前言，店内无其他客人，细细的阳光在我临窗的浅灰桌面洒下一条暗黄的光影，灰尘在影中飘浮，那是似曾相识，多年前大学对街一间早餐店，六月清晨的台南阳光，温润而柔和。我坐在其中，像个旁观者，困惑地观看着自己……回想那些在台湾大岛大学的日子，迷茫、愤怒、愉快、惶恐，那可曾是我永不凋零的花朵，我熟悉而又陌生的夏季，与我共舞的现实与梦幻？

我想，各位可以很明确地看清楚我写此书的意图。如果踏遍世界青山人犹未老，是否中国这边风景独好？

中国！中国！

第1章 我们需要怎样的大学教育

Higher education therefore has a social, an economic, and an educative role that extends well beyond its walls and its own students.

——英国教育学家简·麦克阿瑟（Jan MacArthur）

大学是个学位，是个目的，但不应该是个（人生）阶段。因为它可有可无，起码婚姻、购房、生子、就职……就比大学学位更应列为人生阶段。由于我国大学录取为75%左右，有些年轻人和家长就以为这和小学、中学一样，是必须经过的阶段。

大学的起源

大学英文是University（法语：Université，德语：Universität，拉丁文：universitas），由Universe‘宇宙’一词演变派生而来。欧洲

第一所大学是1088年在意大利成立的波伦亚（Bologna）大学，往后100年左右有法国的巴黎大学（约1170年），英国的牛津大学（1168年）、剑桥大学（1209年）等名校相继成立，至1500年（我国明朝中叶），欧洲已有80所大学。然而第一所现代化的大学是1810年在德国柏林成立的洪堡大学（Humboldt University of Berlin），此大学结合了教学及研究工作。在此之前，欧美大学均沿袭修道院教育传统，以培养贵族、教师、政府官员及神职人员为主，不重视研究。早期的学院十分类似今日之神学院，受制于教会。相对于洪堡（Wilhelm von Humboldt，1767—1835）在柏林所建教学与研究合一的大学，英国人纽曼（John Newman，1801—1890）则强调人文教育的重要性，要学习基础及原创的知识。换言之，他认为大学教育和学术研究应分开，大学不是为了科学发现或哲理开创而存在，因为人类许多伟大科学发明、哲理创建及不朽文学著作都不是在大学里完成的。

世界上第一所大学大概是埃及开罗的Al-Azhar大学，建于公元969年，前身是个有名的清真寺。美国第一所高等院校是建于1638年的哈佛大学，比1776年的独立还早了138年。哈佛所在地Cambridge就是剑桥，这是因为哈佛创办人多是英国剑桥大学出身，包括以其为名的英国籍哈佛牧师（John Harvard，1607—1638）。哈佛毕业生说："先有哈佛，再有美利坚。"

中国的大学可追溯到4000多年前五帝时期的成均，虞舜时期的上庠，夏朝的东序，汉朝的太学，隋唐以后的国子监，唐朝的书院（如白鹿洞书院、岳麓书院）……到了清朝末年，1895年成立了"北洋大学堂"，1898年成立的"京师大学堂"是北京大学的前身。民国之后名称正式改为"大学"，这个名词大概是由日本传过来的。如今

本土野鸡及外来野鸡大学都颁发学位

中国大陆约有800多所招收本科生的大学，以北京大学及清华大学为公认最好的大学。台湾的综合大学最好的是“台成清交”，成大在南部，台大、清大及交大在北部。目前全台湾有近170所大学，学生总数近130万，私校学生远比公立多。野鸡大学（英文是Diploma Mill）分本土野鸡及外来野鸡两种，目前不多，会不会增加难预测。

日本的第一所大学东京帝国大学成立于1877年，以后陆续成立京都、东北、九州、北海道、大阪、名古屋等帝国大学。台北帝大成立于1928年，台湾6名学生获准入学。1945年日本投降前，台籍生高达三分之一，因为在台日人多被抽去当兵或战死。1945年日本投降后，这些大学去掉“帝国”二字。日本私立大学最强的两所是早稻田大学及庆应大学，素质高，但在东京大学之下。

大学的目的是什么

大学是不是菁英教育的最后一站？大学应该领导社会，还是要被社会牵着鼻子走？是追求真理，还是追求职业？是为国家社会教育出伟大的思想家、科学家、人文或艺术大师，还是制造脚踏实地的建设人员？中国的大学是不是太多了？……这些问题不可能有标准答案，因为时代在改变，大学的宗旨和目的也会随时间、随地域而变化。我现在列出以下大学的目的：

1. 建立独立思考　　2. 结识优质的教授及同学

3. 学习专业知识及技能　　　　4. 提高气质及文化品位

5. 培养优秀公民

很容易观察到：第1、4、5项是人格素质的养成，与2、3两项“为未来铺路”显然不同。如果一所大学的目的是实行菁英教育，培养优秀出色人才，则应重视通识教育，培养广泛知识，进而促进发展潜能，因为通识教育的目的就是提高学生素质，及培养未来各行各业的领导人才。美国的大学就极端重视通识教育，平均达到毕业总学分的40%，因为美国在20世纪后，就认为他们居于世界领导的地位。另一类大学则是注重职业技能教育，毕业后很快能适应职业发展所需。这两种大学不应角色混淆，目标错位。这和大学的自主权有关，自主权主要是财政及人事聘用独立，不受政府过分牵制，还有学术自由、学术中立及学术自治。

电视剧《人间四月天》描述徐志摩与林徽因在剑桥大学的缠绵恋情，贯穿校园的康河在徐志摩笔下溢散着浪漫的色彩。你脑中立刻隐约勾画出一个情境：微风吹拂、白发零飘、含着烟斗的老教授与年轻细瘦、戴着眼镜的年轻大学生沿河散步，踏着青草，穿过垂柳，左边窄河中撑篙的细船正滑过拱石雕琢的康桥。教授和聪慧学生激荡地谈论着，启迪这年轻人以后创造智慧的结晶或不朽的著作。牛顿、罗

剑桥大学校训：此地乃启蒙之所和智慧之源

剑桥大学的“叹息之桥”

素、拜伦、克伦威尔、丁尼生、达尔文、米尔顿……这些著名的科学家、作家、政治家、诗人、哲学家都出身剑桥大学。是剑桥造就了这些人，还是这些人造就了剑桥？剑桥的校训是拉丁文“Hinc lucem et pocula sacra”（此地乃启蒙之所及智慧之源）。

同样的，哈佛大学的校徽上有拉丁文“VERITAS ”（真理）字样，校训是“Amicus Plato, Amicus Aristotle, Amicus VERITAS”（拉丁文：以柏拉图为友，以亚里士多德为友，更要以真理为友）。实际上，哈佛最早创校时是以宗教为主，早期的校训竟然包括“In Christ Gloriam”（荣耀归于基督），你看差别有多大。后来哈佛加入人文教育，100多年后才增加数学及自然科学，那也是受了彼时欧洲启蒙运动（Enlightenment）及工业革命的影响，不得不顺应新兴工商业对应用科学的需求。此外，为了响应美国开始快速工业化，在1861年设立的麻省理工学院校训是“Mens et Manus”（拉丁文：理论与实践并重）。

由这些著名大学的演变：宗教→人文→科技，我们可看出，也可预期大学的创校宗旨并不是一成不变。这些名词：“真理”、“启蒙”、“智慧”、“理论”、“实践”……究竟代表什么？是空洞的口号，还是真正的勾划？能实际执行，还是作秀？大学有不同类别、不同科系，当然也有不同的宗旨和目的。个人认为文字可以尽量学术化（甚至用拉丁文），但符合实情更重要，而且最好不要落于八股俗套。台湾清华大学的校训是“自强不息，厚德载物”。北京大学的校训一说是“爱国、进步、民主、科学”，一说没有校训，代表尊重学生选择：“在北京大学，你接触到各种各样的人，每人有自己思路，都不一样。”你告诉我，台湾清华大学及北大的校训与剑桥、哈佛的有何不同？北大的无校训是否最好的校训？由高职进化而来众多职业技术学院的设立目的是否与一般大学不同？职业技术学院是否应该或可以进化为一般大学？如此，两种大学抢饭碗的问题如何解决？做学术研究是否两者重复而浪费时间精力？进化论“优胜劣败”要如何在大学的设立目的上发挥？……最后，这些问题教育主管部门有没有一定的答案？

大学质量及出路

大学是最高学府，但在台湾有许多相当于高中或高职的学校晋升为科技大学，引起广泛讨论：它们是否合格，及能否颁授正式学士学位？有一返台任科技大学系主任的女士告诉我，她系里大部分学生英语程度不及初中生。换言之，要这些大学生国际化、全球化（Globalization），简直是做你的春秋大梦！台湾成功大学水利及海洋工程系詹钱登教授（加州大学伯克利分校博士）也曾经告诉我，大学教育不要过度鼓吹国际化，我们所谓的国际化，其实就是英语化，鼓励英语教材与英语写作却忽略中文教材与中文本土写作，许多国内外名校高学历的工程师，对于本土实际问题的了解不够，在地方上工作时常有沟通问题，甚至格格不入，贡献不如高职技校出身者。詹教授认为鼓吹国际化的同时更应该重视本土化，因此，是否所有大学都要走全球化的路线？如果以后只是做本土性质的地方工作，英语不行又如何？反正这些职业技术学院只培养本土技术人才，没想到全球化，那又有什么不对？

因为中国上千年深入人心的科举制度（如今以进入大学取代科举考试），“万般皆下品，唯有读书高”及“学而优则仕”的心态，再加上许多蓝领及体力劳动者家长希望子女一圆他未成之梦——念个大学。于是两千多所大学像雨后的蘑菇一样纷纷冒出来！学士学位是否给得太便宜了？不见得吧，这还是要看最低标准定在哪里，还有相当于“全民皆兵”的“全民皆大学生”有何利弊。实际上，多年前，只有不到百所大学时，学士学位就有等级，比如北大或清华最后几名可能胜出某大学各种科系第一名，而且强很多。但他们都是学士学位，这你要怎么说？

如何规定大学合格标准是教育部的事，如果你以后想在教育部工作，那就要好好想一想。

如果因为大学太多而毕业后找不到适合大学生的职业，那就要由“市场机制”来决定了。找不到工作的就要“下嫁”，以收入为主，不是以职业为主。因为开个馆子，在巷子间弄个水电行的收入不输白领工作。我刚去美国念研究生时，入学前趁暑假在旧金山的意大利海鲜馆非法打工三个月，端盘子的职业侍者有三分之一以上有学士学位（当然不是电机系的），他们说做跑堂的有欧洲口音及男同性恋这两大特点小费收入最高。我在摩尔红木公园与一个拿昂贵长镜头相机的人攀谈，他说他是大学毕业，现在开大垃圾卡车，收入不错，清早4点上班，11点下班，其他时间都是他的，嗜好就是照相，有好几套大相机。这些人就是有个中等收入，上班时间之外做自己喜欢的事，并不认为不做办公室白领工作有什么不对，你认为呢？当然，美国佬也告诉我，有大学学位的女子还是不愿嫁没念过大学的男子，虚荣心人人都有，而且全世界都认为丈夫的学位及学问最好都比妻子高。我说这些就是要阐明大学学位并不保证相关的工作或职业。找不到，你就要认命！那么，为什么要设立这么多大学，给这么多学位？让我告诉你，好处是：念大学成为较高质量国民，分析力增强，犯罪率降低，生活质量较高。至于找不找得到适当的职业，那就是你个人的事了，不必怨天尤人，记得“市场机制”！

大学的未来，未来的大学

我们可以讨论某些未来大学的改变与走向。首先，社会上许多发展及制度都受美国影响，远比受欧洲或日本多很多，教育上不管学制或教育方式都是美国式的。

1. 私立与公立大学比较——经费问题

大学主要有五种经费来源：政府的教育预算拨款，学费收入（包括推广教育），私人及企业捐款，产学合作收入，设备及场地经营出租。美国前二十名全是私立大学，只有加州大学伯克利分校及密歇根大学有时在前二十大挂车尾。为什么？因为私立大学多年来捐款基金充足，当然可聘请名师，召高徒；而科技的研究更需要大把银子，光是实验室设备更新就不是开玩笑的，再加上动不动师生出国做研究，那还得了？美国2012年仅一年的教育捐款就高达310亿美元。同年，英国只有12亿美元的教育捐款。美国人有捐款的习性及传统，另一原因是美国的所得税比欧洲要低，甚至低不少，所以有较多余钱作捐款。美国每年大概有3000亿美元的捐款，这数目当然有：

A. 大部分是捐赠给各种慈善事业；

B. 中部及南部各州因传统保守，收入低，笃信基督教，所以多捐给教会（实际上教会要求信徒收入10%的捐款）；

C. 这中间10%的310亿美元是捐给大学，捐的人多是高收入，教育程度高，住在高房价区的上层人士。换言之，他们认为捐给教育机构要比捐给慈善事业或教会更值得——为什么？美国这个强烈资本主义的社会有一句话："贫穷就是罪恶。"你去想一想吧！

因为大量的捐款，所以全世界排名前二十名及前百名大学多在美国。诺贝尔奖有关学术的四项（物理、化学、生理学或医学及经济学，其他两项非学术性的是和平及文学）多是美国人取得。如果作一比较，在台湾，公立大学要超过私立大学，大陆更是如此。这情形会不会改变？私立大学会不会突破？我看不会。因为起码台湾的人愿捐大笔钱给各种宗教及庙宇，或留给子女亲属，但没有捐给学校的习惯。再则美国私校创校早，多是百年以上历史，学生多住校，校方教职员对学生采取多方照顾的态度（不像我国是采取管理态度），养成学生以校为家的观念。有朝一日学生功成名就，摇身变为富豪，或居大公司高位，就会想到回馈母校。那不是小数目，常以百万美元为计算单位。为什么不留给子女？因为不是子女赚的，所以留一部分给他们就可以了。

这里我要说明一点，如果是想积功德而捐给庙宇或教会，那你积不到功德。因为受惠的是你个人，怎么可能积到功德呢？要捐给教育，造福学子及国家社会，才积得到功德。我

捐给庙宇或教会，积不到功德

的观念是否高人一等，各位同学好好想一想！

无论如何，目前我国私立大学为数不多，在可见的未来质量不会超过公立大学，但可在某些特色科系超越。

2. 主修科系的变化

外国大学大一及大二多不分系，学生可在入学后才发现自己真正的兴趣及能力，少数出路极好如电机系除外，医科及法律是学士后才可进入。我相信我们也会逐渐走上这条路，延期毕业的学生因此增加，因为任何一系还是要修毕核心必修课程才能毕业，如果前两年举旗不定，免不了会多修许多超出毕业学分的课。实际上，如今美国大学生四年毕业的越来越少。以前，延期毕业被认为是不上道的事，是课业不及格才延期毕业，现在不会如此想，因双主修及增加选修而延期毕业的有志之士大有人在。如果家长不了解情况而压迫子女四年毕业，那是错误。

3. 跨领域学习

跨领域学习的时代已经来临！每个系的课程内容是固定的，几年之内不可能修改，但业界在变化，学校赶不上这些变化。现在职场上需要的不仅是“I”型的专业人才，而是“T”型对其他领域都有相当知识的人，也就是通才，因为工作不是像装配在线的工人一样，老做一件事。还有双专业能力的“π”型人才。所以大学时期就要做跨领域学习。至于学哪些？学多少？会不会因此延期？那要请教有业界经验的教授，或业界校友老大哥了。如果跨系修课怕不及格，我建议旁听不修学分，但旁听要标注上成绩单，因为这成绩单对求职有影响。

这种跨领域学习越来越重要，不仅是长知识，也是开阔视野的起步训练。所谓跨领域，可以是跨接近的相关领域，也可能是人文与科技或科技与政治完全不同的领域。有些你跨得过去，有些跨不过去。这些课程可能在通识的课单上，也可以是比较深入地开在其他系的课程。人的精力及时间有限，你还要谈恋爱，还要实习……所以，你能跨多少令你头疼的领域？

4. 在线及跨校、跨国、跨洋修课

远距教学行之已有年矣，成效难定。至少，网上开课在我国并不流行，也有许多教授不愿，或不习惯将自己的面孔、声音、动作及讲义搬上荧屏。这就像电子书在美国已大行其道，但在华人聚集的地方并不流行。然而，网上修课将有一新纪元出现，往后会影响到许多教授的饭碗——那就是唱作具佳、出众的名教授将课程贴上荧屏，全国各大学学生均可上网听课及互动。于是无竞争力的教授及课程逐渐消失，供选修的通识课程更是越来越少，课程越来越精良。学生由校方辅导分级，内容不一定要限制在一学期内，甚至学分可弹性改变。甚至，有些在线修课已跨国界、跨大洋。比如麻省理工学院（MIT）物理系的陈敏教授已使用MIT的EDX，将两门MIT的物理课隔美国大陆及太平洋传到台湾东海大学授课。陈敏说他可用远程监视器及专用软件来考试，或他在期末亲自飞去东海监考及与学生互动。而那课程并不一定是他讲课，是另有美国名校其他能言善道教授上荧屏。这样下去，许多教授将沦为助教，或只做研究，或丢了饭碗。我可是没这忧虑，因为我讲课算受欢迎，当选过“麻辣教师”，也快退休了。

5. 洋学位与本土学位

日本1945年战败投降，一片瓦砾，而1949年京都大学的物理教授汤川秀树（1907—1981）为日本取得了第一个诺贝尔奖。他是完全受日本教育，不像8名华裔学术类诺贝尔奖得主全是英美教育体系出身。日本在1950年代开始快速经济复苏，之后不久，日本的本土学位就比洋学位找工作要吃香了。

原因不外学术水平提高，本土学位与在地关系较深，加上教授总希望用人脉将自己的学生推上岗位。这种现象1980年代也在台湾出现，洋学位不一定继续大吃香。其中最重要的原因是1980年代台湾的经济起飞，所以人们的自信心增强。这也反映到宗教上，早先来自欧美的基督教势力及影响力庞大，孙中山、蒋介石、李登辉均为基督徒。如今台湾信徒最多的宗教是源自中国本土的道教，及植根多年的佛教。基督徒（新教及天主教）只有2%左右。在教育上，学校里的教授及主管不少是本土博士，而且有越来越多的趋势。再以后，台湾的大学还会有另外一个变量加入，那就是大陆的教授来台湾任教大学，他们可能是已有美国籍的大陆在美教授，也可以是在大陆的大学教授直接受聘而来。有些台湾的名师已被极高薪聘去大陆。我也鼓励我在台湾的学生去大陆工作或读学位，以开展视野。去大陆工作总比去美国工作容易吧！

汤川秀树是日本第一个诺贝尔奖得主，完全日本本土教育出身

找工作时本土学位比洋学位吃香的现象发生在日本及中国台湾，也可能发生在大陆。但做科技研究工作，还是发达国家的学位及经验比本土的重要。

6. 生物科技系所扩充

计算机及互联网相关科系在1960年代之后大行其道，下一波是生物科技，而且可能更厉害。为什么？因为这和人体有关，和我们的健康和寿命有关。计算机走慢一点顶多生活较差，生物科技可是和我们的生命直接扯上关系。由于基因图表及基因工程的迅速发展，许多前所未知的人性及特长（比如脾气坏、画图好、爱哭笑）都可能由统计及基因找出来。本书有一章谈论到近期生物科技发展。

7. 职业技术学院、一般及研究三类型大学大混战

这三种大学的划分看似清楚，实际上不清楚。为什么？因为我们的民族性讲求圆融，混在一起马马虎虎。

许多职业技术学院开始走学术研究的路线，如此可提升身价。从实际层面与各大报道来看，职业技术学院出身可能最快得到出路，现在又有学位，真是划得来。同样的，也有些一般大学及研究型大学开始强调就业训练及学分，也就是和职业技术学院毕业生抢饭碗。美国的大学定位较清楚，举例说，毕业生后来念博士学位比率最高的是南加州的哈维穆德学院（Harvey Mudd College）（40%念博士），第二、第三高的才是麻省理工及哈佛大学毕业生。哈维穆德学院学生不到800人，只出产学士，无博士学位。它的定位就是大学本科，不是研究所。我曾劝台湾某私立大学只专心培养学士，放弃硕士、博士。反正这种学校的硕士及博士学位也不值钱，搞不好说是某大学的博士，人家还以为是说笑话，看他的博士论文就是在看一本“笑话大全”，那又何苦？

个人认为：学术研究只属于少数智者，不应是大众的、通俗的、普及的。

8. 两岸修课及两岸学位

两岸关系大幅度改进。台湾海峡平均水深60米，窄处仅宽130公里左右，“台湾海峡隧道”已在开始规划。由此看来，两岸“双联学位”及“联合课程”机制指日可待，跨校的“学分银行”也会吸引大量学生。而短期台湾经验也有利于就职机会。

结束语

虽说船到桥头自然直，“市场机制”可为导向，或如西方人所说：“Things will take care of itself.”我们可说职业技术学院、一般、研究三种大学可互相转换，但是这样转换浪费了不少精力及资源，收获很小，损失很大。

人类文明的进步是由科技带来的，物质生活改善及寿命延长也拜科技之赐。但是人的素质提高，言谈举止有教养，品位典雅却与人文教育息息相关。我们要好生活，也要好品位，也就是人的气质（class）。

第 2 章

你需要转系、辅修或修双学位吗

万山不许一溪奔，拦得溪声日夜喧。到得前头山脚尽，堂堂溪水出前村。

——宋代诗人杨万里《桂源铺》

这个问题几十年前就已存在，而且比今天要严重得多，因为那时大专院校少，去掉不给学士学位的专科，大学录取率低于10%。如今有两千多所大学，以各种渠道入学超过70%。进入正题讨论前，我们必先复习并厘定科系的分界。大体上分为四大类，简单归纳如下：

(一) 自然科学（Natural Science）是相关数学、物理、化学及生物的科系，它们是基础科学，研究自然界已有现象，所以是发现（Discovery）。应用科学（Applied Science）包括工程、医学及农学三大项，是将基础性的自然科学化为实用，所以是发明（Invention）。两者重视的都是自然现象，基本上并不特意强调“人”的价值及人的内心世界。

(二) 人文艺术（Humanities）以延续文化、陶冶人的心性为主，重视的不是自然现象，而是人的内心世界及人的价值。八大艺术包括绘画、雕刻、音乐、文学、电影、建筑、舞蹈、戏剧。

(三) 社会科学（Social Sciences）是以科学的方法研究人类的行为及社会的现象。因为是研究人类的行为，所以与人文艺术较接近。社会科学包括范围广，由政治学、经济学、法律学、行政学、教育学、人类学、地理学（人文）、历史学，到社会学，包罗万象。

(四) 另外近年来因社会变化而有科际整合（Interdiscipline）的科系出现，数量不多，但在慢慢变化中。科际整合的参与者是由传统学科培养，常陷于各自学科的窠臼中，所以必须试着接受不同的视角和行事方式。

一般说来，科系选择不外三大因素：就业、天分、兴趣。至于为了宗教或家庭传统因素做选择是少数，不列入讨论。

就业

就业市场就是工作是否容易取得及薪金报酬多寡。一般说来，不论中外，需要执照的工程师、医师、律师、会计师出路容易，薪酬也高。因为这些工作，如无四年专业训练，不会被录取。专业学科（Professional School）只有工学院、医学院、法律系及会计系。其他如记者、编辑、电视主播……就不一定要新闻系出身；多数政府或公司的行政工作也不限制科系出身。对男学生而言，毕业后就业常列第一考虑，因为社会及家庭对男生的企望远高于女生。自古以来，女性常靠婚姻改变自己的命运，男性办不到，不必打这个算盘。女子在适婚年龄考虑未来夫婿的条件是经济、领导、职业、照顾、学历、魄力等，男子外貌仪态固然要作匹配，但并不排在前面。男孩子几乎在初三就被家长询问以后职业选择。我所知美国不是如此，美国佬取安格鲁·撒克逊文化（Anglo-Saxon），尊重孩子的选择，但也常在孩子高中毕业后不再帮他们的忙，不再指导他们。我们的孩子在高中分科，入了大学想转热门科系（如医学、财经或工程）困难，所以高中就得在课业上拼老命。一个人的就业年份大概是44年（22岁大学毕业—66岁退休）。这44年内职场会有变化，举例：我高中时工学院最高分是土木工程系，后来工业发达，土木系就被电机及信息取代。数学系在理学院是低分，后来计算机兴起，数学系分数就上来了。以前法律系出路不好，后来对外贸易交流大量展开，法律需求增加，成为热门科系。那时尚未进入市场经济，商业不发达，人文社会组的外文系录取分数常超出商学科系，列最高分，因为进入外商或外交工作，那可是金饭碗啊！会外文，当个空姐或空中少爷，可是拿美元啊！如今这些只能列为“还不错”。在我的父母年代，国家落后，念人文社会比科技出路还好，当然，那是80多年前的事了。

然而，时代在改变，今日的女性大学生人数与男性不相上下，而且不婚、晚婚及离婚女性越来越多，女子进入经理级的也大幅增加——她们不见得要靠男人，或不能靠男人。男女交往或婚后因表现不尽理想被女性dump掉的男子越来越多。由此观之，女性会越来越重视所念科系是否出路良好。于是，以前在台湾机械工程系唯一女生外号“机宝”，水利海洋工程系是“水母”，电机系是“电姐”……现在工学院有相当多女生，女教授也会越来越多。男子的专利已经由摇摇欲坠到晚景不保，如是。

性向天分

其次是天分及性向，明明电机系、医学系、信息系、财经管理系出路好，就算你考进去了，念得来吗？痛苦挣扎，就算毕了业，还有44年的痛苦挣扎，你这辈子就是：挣扎 + 挣扎 = 苦恼 + 少活几年。还有一点很重要，理工医是累积性知识，必须按部就班先打下基础，才能念下一门课，无法中间插入，因为根本看不懂。举例：没念三角、大代数、解析几何，就不准念微积分，下去不得念微分方程，再下去不得念流体力学、复变函数、边值问题等。但人文社会学习常是非累积性知识，可中间切入。简单的一句话，如果中学时数理生物成绩不好，就无法进入相关理工医商科系。如果为了出路强行进入（当然是较差的大学），也许可以苦撑下来，也许多念一两年补课，也许第一年就转出。不成转出，顶多晚个一两年。起码你试过了。

念数理组或人文社会组当然与性向及能力有关，这是遗传、是基因还是环境？无法定论。以我个人而言，自初中数学就名列前茅，台北建中六年下来一直如此，但大专联考物理只得20分入工学院，数学还是极高分。我深知兴趣不在理工，还是留美取得工程博士学位。后来我以长篇小说在1994年取得台湾顶级文艺奖，也任教大学，担任外国文学及电影方面的课程。照理说，文学上有创作天分及兴趣可能遗传自父母。但我深知自己最大的兴趣还是在社会科学，文学则是有天分，兴趣有限。如此向各位说明自己在科技、文学及社会科学三方面的天分、兴趣及性向。

说自己大学联考物理只考20分，讽刺的是留美博士学位却念的是连体力学（Continuous Mechanics），那是数学及物理的结合。这该怎么解释？我念理工课程要慢慢咀嚼，才能消化；生物也是平平，也没多少兴趣；读人文或社会书本却能一目十行，过目不忘，很快领会及吸收。这表示我的读书天分及性向不在理工医。

兴趣

念建中高二时，遇到联合国派来台湾主持工作的美国人麦加锡先生，他问我大学要念什么，我毫不考虑地说要念工学院。为什么要去念？我告诉他我们国家需要工程师，没兴趣也要去念。他大不以为然，耐心地教育我应念自己有兴趣的科系。我顶嘴说自己是优秀高中生，以后就应该为国家出力。麦加锡先生一直摇头，频频说no! no!我那时根本没把他的话放在心上。

英国人培根（Francis Bacon，1561—1626）的《培根论文集》中有一篇《论读书》（*Of Studies*）。他说：“Study serves for delight，for ornament，and for ability.”（“读书令人得到乐趣，装点门目，及获得能力”）。读书有兴趣则事半功倍，没兴趣为了成绩不得不念，是煎熬。有些人过了中年还做噩梦考试题目不会做，或进场迟到，别的同学已答题大半……我曾任教一私立大学的文学系，他们的创作能力及读书报告不输公立名校学生，但考试成绩还是略逊。因为这些私校生对文学有兴趣，也有创作能力，数学不好，或比较不擅长考试，只好进入较差私校。我们看看颇有一些名作家、画家、音乐家或作曲家都不是名校出

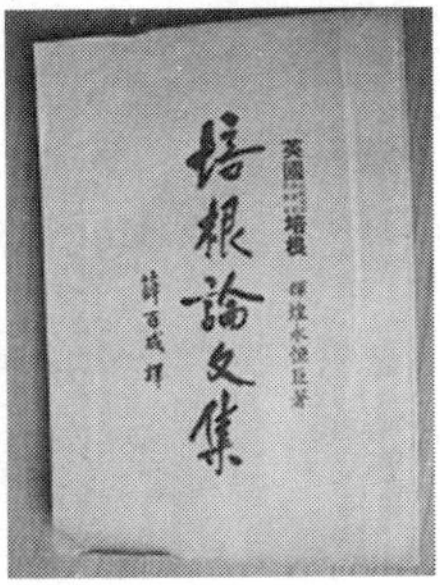

身，或根本未进过大学。

如果对读的科系有兴趣，有天分念，出路又好，三者俱备，那真是幸运！实际上，这种幸运儿不少，我认识不少工程师，别提人文艺术，甚至对电影都没多大兴趣，但是过得很快乐，口袋里也麦克麦克（很有钱）。如果以上三缺一，或三缺二，那就看缺哪个了，也看人的个性和指望，是否把银子看得那么重要。台湾以医生收入最高，我曾是台北建中很不错的学生，却不考虑医学系，因为对生物、对药学太没兴趣——单细胞双细胞、拉丁字头字尾的药名……我看算了算了。但我一直认为医生收入高完全合理，因为他们工作辛苦，外科手术更是辛苦，细菌聚集在医院比他处多很多。医生的工作是医人，不像汽车技师的工作是医车，我们的健康及寿命靠医生们维护。

对某一科系有极大兴趣的，或有极大天分的，应不顾未来市场，因为可能以后有大成就。如果只是有天分或兴趣，那就应将就业列入考虑。尤其是男生，我们都清楚男子收入是女性婚姻考虑的前三要素之一。兴趣可以培养，但只能达到某一限度。念有兴趣的科系，以后做有兴趣的工作，身心都愉快，你衡量衡量吧！

进入非所愿科系该如何

由天分、出路及兴趣三方面作考虑。

（一）进入出路好，或有相当兴趣的科系，但天分不够念不下去：

如果是准备不足，比如高中不够强或没好好念，那现在就少修课，增加就读年限，看看是否可补上不足之处延期毕业。如果这样还是过不了关，那只好转系或转学至次一等大学，竞争较小，以后毕了业再说。这不是“混”，而是你有兴趣念，或对该系出路有兴趣，只是念不下来，只好退而求其次的补救之道。

要理解一点，有些人专业不好（也就是念得不好），但有其他特长，比如人际关系，比如领导才能，比如高EQ，比如在该行业有许多家庭或朋友关系……实际上，以后在职场上爬升，专业只占20%，言语沟通却占到三分之二，尤其非专业科系更是如此，我们常说有些人比较“会混”，就是这个道理。

（二）进入出路不好科系，但有天分及兴趣念下来：

出路不好是否永远不好？有多不好？我们不要举石油危机时，东语系阿拉伯文组的特例，但风水十年转，你如有足够天分及兴趣念，以后工作会愉快，且行行出状元。如果认为出路太窄不保险，只好双主修另一出路较好科系。只是这就要增加修业年限了。

（三）进入无兴趣，但有天分念且出路好的科系：

就像我对工学院没兴趣，为了出路、虚荣心及建中传统去念，这是个人选择，不应有任何抱怨。起码，在美国一路念到博士，又做了许多年工程，收入好，也结交了许多擅长投资的工程师，互通投资讯息及切磋。我在经济稳定及获利后转入文学的领域。固然，能在不同领域修读那真是“好命”，大多数人无此能力。但这也可能是一种不幸，因为你可能举棋不定，患得患失，甚至顾此失彼。换言之，你要衡量得失，到底兴趣及出路哪个优先。当然，你也可以双主修：比如机械与音乐，或医学与中文，如此可进可退。

有相当大比例的人并非在专业中工作一辈子，尤其现在有EMBA（经济管理硕士）的出现，更增加了由专业转入管理或行政，甚至转行的机会。所谓EMBA，重点其实在networking，也就是结识其他有地位的同学，以后互相照顾，互通讯息。

结论

在做结论前，不妨观察一下，你父母的朋友或社会上有名、有钱、有成就的人，有多少是名校、名系出身？都念了学位吗？

科系的选择涉及到许多层面，也常不是你的选择，而是那个系要不要你。有许多时候，人被命运摆布，人算不如天算，你只能尽力而为，去尝试。不成，也不是这辈子就完了——山穷水尽疑无路，柳暗花明又一村。

第3章 如何与大学老师打交道

None can teach admirably, if not loving his task.

——美国教育家奥尔柯特

这篇文章主要是我个人的师生经验，文中没有什么大道理，也没有什么大事发生。

台湾成功大学开四门通识课，每学期共370~385名学生，在工学院的演讲堂上课，只有一名助教协助。台湾清华大学最高曾有一班近90名学生的纪录，没用助教。通识课总有来混学分的学生，开学第一节上课，公布成绩计算法、课程进度及教室规定后，我会加上一句："欢迎退选！欢迎退选！"

如此，不该来的学生受到鼓励退选此课，留下空额给有兴趣，又没选到课的学生补上，大家方便。

我是台湾成功大学"五年五百亿"菁英计划被聘入教职。这计划基本上是发展理工医，人文及社会科学领域补助极少。当初赖明诏校长及汤铭哲教务长（这两位医生也在美国修得科学博士学位）希望我以跨文学及工程两大领域教学，影响文学院以外的学生进入外国文学及电影的领域，目的就是培养学生人文思维及国际化。秉此原则，我大肆收学生，使用个人写的教科书（夏烈《近代外国文学思潮》台北联合文学出版），灌以填鸭式教育，以传统及保守的教法，用考试、作业及出勤三项计算成绩。我的想法是先用广而浅的方式填鸭，学生如有兴趣，以后自己深入；如无兴趣，起码被塞下全面性的近代欧美及日本文学（及文化）概要，还有它们的电影。这种教法对不对？不会有标准答案，起码每学期末学生对我的评分及评语相当好。我曾任某私立大学自然科学课程总召集人，看到有些教授因学生期末评估不好，只好给学生打高分，以免下学期修课学生不足，课程被停开。在这种非研究型的私立大学，就是要教书够格，才能保住饭碗。

各阶段师生关系

由小学、初中、高中、大学到研究所，师生关系最密切的常是小学，因为那时还是小孩子，所以小学老师以女性为多。初中是叛逆期，最难教导。高中师生关系有进展，也常遇到终生难忘的良师。大学教授与学生之间要疏远淡泊许多，尤其是研究型的名校，师生常相敬如宾。研究所硕士阶段师生关系难说，博士生则与指导教授关系应该密切，因为是一对一的局面。我现简略写出个人各阶段回忆点滴。

念台北“国语实小”时是全台最好的小学，我们那一届五年级开始以智力测验分组，最高分的前五十名入甲班，我是第一高分，六年级又和一位女生同考第一高分。级任老师席淡霞只21岁，上海新闻专科学校毕业，姐弟二人只身在台，她是全心放在学生身上。联考发榜我们班竟有约三十名考进建中及北一女，真是破天荒！但席老师没教几年即被捕，她在台大念工程的弟弟，赶快把姐姐的日记、信件及读书札记烧掉，以免入罪。实际上席老师对政治毫无兴趣，与大陆的"共匪"并无牵纠，所以三个月后释放。之后她远嫁给在德国念博士学位的台大机械系蒋教授，蒋教授在英国教书多年后又回台大机械系。如今，我们这些学生成为企业家、院士、大医生、新闻界大咖、教授、政府官员……还有一个在麻省理工学院任教的与诺贝尔物理奖擦身而过。所以我常对人说："做小学老师，席淡霞是做到顶尖了！"见到她，就会联想起高峰秀子主演的反战电影《二十四の瞳》(《二十四只眼睛》)。

我开始教书不久，席老师建议应在好大学教好学生。我不同意，有教无类，我也不是什么学术大师，能传精华给一流学生。我一直认为各种学生都有所长，功课好的不一定以后一路风顺，不擅念书的受教于我，得到鼓励称赞，增加他们的信心，对未来憧憬。其实我在大学时功课极糟，现在也是名利双收啊。

初中考进"国语实小"隔壁台湾第一的台北"建国中学"。我们在发育年龄，对女孩子和性特别有兴趣，糊里糊涂地念书，老师换个不停，有个教语文的高老师年纪不小，与学生谈话无界限，视我们这些还穿童子军短裤的初中生为朋友，常讲些黄色笑话，大家很乐。后来他被抓起来，管训三年，大概不是什么严重的思想问题。听说放出后又回建中，还是在课堂上讲黄色笑话。白色时期讲讲黄色没关系，但不能发表红色或灰色言论。

建中高中部有不少补习班名师，收入颇丰。我的数学一直极强，给这些名师留下深刻印象。考大学物理遭遇滑铁卢，只考20分，数学考分奇高，接近数学状元分数，所以才能入成大工学院——那时大学部有工学院的只台大、成大及中原三校。因是名人之后，变成宣传商品，教解析几何的汪焕庭老师常对建中或台北南阳街补习班的学生说："林海音的儿子在我班上，物理只考20分，幸好数学接近满分，才能进了工学院。"

我现在是成功大学的教授，念成大时因兴趣及政治原因没专心课业，专心的是橄榄球校队的练球及比赛。同时四年全住校外，与学校关系少，当然与教授也不会有来往，下了课就走。毕业后服预官役时申请留美要介绍信，去见系主任，他不知道我是谁。这也就算了，荒唐的是多年后竟有传闻我是系主任的干儿子。这时系主任已任成大校长，因我一直在国外，没机会请教他是否也听过这传言，及因何而起。

在美国南部得克萨斯州念的硕士，指导教授很快给了助教职位（Research Assistantship），解决燃眉之急。他是个实事求是的典型工学院教授，我和他只有课业及工作上的来往，没有其他的交谈。一年半后拿到硕士，拜拜！以后没再见到他。我曾去得州出差，开车逛了大学一圈，也没去拜见他，因为他指导研究生很多，不见得记得我。

大学时专心的是橄榄球校队比赛

密歇根念博士学位时已工作过两年，结了婚，有了小孩，买了此生第一栋房子及汽车。所以房子、孩子、妻子、条子、车子五子登科。我的主要指导教授——又遇到个典型的工学院教授，严肃而无趣的北欧挪威裔，只谈学术，私事从来不谈。他讲课速度极快，不少人很快退选，免得夜长梦多。另外两位次要指导教授一位是应用数学方面的谦谦君子，还有一位是24岁就得到博士学位的助理教授。年轻教授常约我打高尔夫球，互相以名字相称，两家也相约到家吃饭。博士资格笔试我们同门三人在主要教授及应用数学教授方面都无问题通过。年轻助理教授方面是拿了题目回家做，一星期交卷，结果三人都未通过。他说："再给你们一题，做三天，这次不过，就要半年以后再考一次；再不过，就请转到较差学校去念。"我绞尽脑汁在第三天深夜将答卷由他门下滑入。回家路上忽然想到答卷有一疏忽之处，问题不小，赶紧赶回空荡荡的工学院大楼，用拆开的衣架铁线做成钩子，由门缝下钩出答卷，修改后再度由门下滑入，已是曙光清晨。他数日后对我说："恭喜你通过，可以专注在论文上了。抱歉这半年让你不能打高尔夫球，周末我们恢复，来个十八洞，打完我和琳达请你们夫妻俩吃顿饭。"美国人的文化就是如此：公私分明、公正，效率、不讲情面，但又有人情的一面。

师生交往并不只限于大学时代。我是天生要带头的人，工作时比念书时快乐，为什么？因为可以带头，不需要被带。最后学位取得后开始工作，当然有上级。他们年龄大（其实在美国不一定），有经验，照理也可做我的老师，但是这多少年从未遇到过。本书有一篇讨论到职场上的"导师制度"（mentor system），请大家做参考。这里不重复。

为师，为生之道

做教授的对学生及对自己有何期许及要求？这问题不可能有标准答案，因为每个教授个性及情况（包括经济情况）都不同。以前做老师传道、授业、解惑即可，因为孔老夫子都说："述而不作，信而好古。"所以动嘴教教古圣贤书即可。现在可不行啦，得申请经费，做研究，发表论文，否则就不能升级加薪，甚至得走人。还有，教授也是人，是凡夫，只是不是俗子，所以也要换大房子，要孩子入好学校，要满足妻子血拼的花费……他还有多少心思放在学生身上？这些学生会知道吗？他会告诉学生吗？

因为传统的师道，中国学生常视教授为学问深，行为正当，关切学生的长辈或领导，教授也以此自许，甚至有云误人子弟要入十九层地狱。中国传统师生结合是以"游于艺"为始，以"志于道"为终。我还记得毕业纪念歌有："念感师恩，天长地久，别师兮泪亲涔涔……"的句子。但是时代不同了，我们受到西方教育的渗透越来越大，这种角色上的认知必须要调整，实际上也是在调整。如今师生关系越来越淡薄，甚至主客易位，学期末学生要给每位教授打分数，写评语，也就是原本师生单向沟通，现在是双向沟通，教授不再是权威的化身。美国更是常有年轻教授混在学生堆里，学生叫他的First Name如约翰、乔治，而不称某某教授或某某博士，亦师亦友此其谓也。实际上，我在美国的小辈也常叫我Fred，这是我的英文名Frederick的昵称，而不叫我"夏叔叔"或"夏伯伯"。如此并不失尊重，反而亲切。

然而，年事渐长，教授与学生距离会加长，变成上下及主动被动的关系。这时教授多不知道他们对学生的影响，总以为努力及聪明是学生成绩好的唯一原因。他没想到如果对学生亲切、夸赞、鼓励、关心会影响学生学习的意向，甚至影响到课业成绩表现。如果他在教课时也会偶尔说说自己的经验、自己的内心世界，学生会感觉可亲近，不那么正式。当然，如果学生太多，像我每学期在成大及清华有超过400名学生修课，请问，如何对学生关心及亲切？助教都是研究生，年龄接近学生，常是教授及学生之间的桥梁。

师生之间的沟通及相互了解相当重要。一般说来，大都会的大学教授比较会着重在校外找外快，小地方的大学教授比较会以校为家，金钱的诱惑不那么大，所以会放较多心思在学生身上。然而，教授在十几年前或几十年前是大学生，但是现在他们已不知学生的痛苦及期望，忘记了学生时期曾有的最大问题，那是什么？就是爱情、家庭因素、未来出路三项。

学生即使没有去交异性朋友，心中总还惦记着爱情。实际上，长篇小说最大的两个主题就是战争与爱情：千万人死亡的战争竟与两个人的爱情并驾齐驱。学生功课退步，无精打采，常与单相思、单恋或失恋有关。这些老师会知道吗？知道又能怎么样？总不能说“同学，多读点书，心神就会定下来”吧？那是什么老师？学生有这种事，很少会向师长父母倾诉，但单恋或失恋之苦，足以消耗学生相当大的精力，甚至有没顶之虑。

学生的家庭问题，不外乎家庭经济、家人不合、亲人有长期不愈之病痛，此外学生或有学习困难、天分不足等。许多学生会隐瞒，教授如何掘出？如何协助？如何让他们摆脱族群、年龄、性别、国籍（外籍生）等各种歧视的压力？我看不应该完全是“学生辅导室”的工作吧。教授每天在讲台上向学生教诲，此时能脱身吗？

学生的未来出路？专业学院（Professional School），也就是工程、医护、律师、会计、建筑等专业科系，别人不能抢饭碗，出路有相当的保障，问题简单得多，反正等毕业就入行，或入研究所，或留学，多不需要教授指导。非专业科系毕业后如何适从，常靠教授的指导与教授与业界的关系，可以介绍学生入行。有些教授热心，有些则多一事不如少一事。无论如何，教授常有多种经验，学生与教授接近，会学到不少书本外的知识、人情、求职讯息及关系等。教授知道你的能力、性格及兴趣，指导也容易，这种接触常有意想不到的效果。学生初接触教授，建议可问他当年如何对自己的领域发生兴趣，他的其他经验，如何学习这门课？而不是如何取得好成绩。教授也是人，他也希望学生对他有兴趣，羡慕他，甚至捧他。

师生恋

师生恋多指男老师与女学生，这种事发生在高中及大学部有禁忌，研究生已届成熟，接近适婚年龄，没人管你。师生恋最出名的，当然是琼瑶以自身在中山女高与国文老师相恋的悲剧写成《窗外》，后由林青霞主演为同名电影，还有人曾写成批判长文《没有窗，哪有〈窗外〉》。中学女生未成年，师生恋男老师可吃官司，以后由牢房望向窗外。

老师娶女学生的比比皆是，出名的如鲁迅与许广平差18岁，余秋雨与马兰差16岁，杨振宁与翁帆差54岁。我同学的女朋友念台湾大学时在公交车上遇到归国客座教授，令教授惊为天人，给名片一张。我们念大学四年都从来没有人给过名片，这女生还将名片拿给我同学看，小两口左右端详。没想到她后来台大还没毕业即嫁去美国，嫁的就是名片上的那个人。

基本上，教授与女学生之间权限不平衡，分数操在手上，容易产生流弊。但一个巴掌打不响，教授年龄大，有学问，有权威，是女学生倾慕的对象。但师生之恋常无结果，甚至凶多吉少。师生彼此有意，顾忌多，尤其如教授已婚，情况更是复杂，弄不妥身败名裂，甚至酿成悲剧。曾听说一位已婚大学校长与女学生有来往，又听说那女生不见得有多漂亮，但“风情万种”——这比漂亮更引人好奇，结果如何不详。在美国，大学教授不准与现在课堂上或所管学生恋爱，课程结束进入另一境界，起码许多年轻未婚男教授有权与女弟子结为连理，为什么不可以呢？社会公认教师、军官及传教人的道德水平应比一般人高，因为他们有权威，所以必须限制，以防使用不当。军官如是同性恋者，更需对他特别注意，以免影响部队作战能力。公司或政府主管则另当别论，因为管理对象年龄较大，个人权限也有限，又有反对党的监督，名嘴的磨刀霍霍，所以滥用职权的机会要小很多。

师生恋并不涉及伦理问题，但年龄相距远绝非佳缘。为什么？我要你想一想。

欢迎退选！欢迎退选！

本文首言及我第一节课即声明：“欢迎退选！欢迎退选！”我也问学生“我和你们是什么关系”？学生都愣了，于是我告诉他们：“我和你们最基本上是商业关系！”他们更惊讶了。为什么？因为学生付学费来上课，我

欢迎退选！欢迎退选！

有束修，所以他们一定要学到东西，才能达成此商业合约，否则就是不称职，就该去职。每位教授想法不同，我就是这个想法。在美国待了许多年，与国内隔阂，刚回来教书的第二个月，有学生告诉我被女学生社团选为“麻辣教授”。当时很丧气，麻辣是一种火锅，不是什么好字眼，我想一定是经验不足，书没教好，才得此不雅称号。没想到系主任笑了，年轻的她告诉我这是一种赞美。问她何种赞美？她也说不清楚，此事还上了台北报纸成花边新闻。如今事隔多年，我还存着那份报，但还是不知所以然。

教授的正面特质是情绪稳定、幽默、尊重学生、成绩分数公正、能被学生亲近。负面性格是易怒、暴躁、固执、冷酷、刻薄、主观。教授生气时，全体学生注意力都集中在教授身上。但教师也是人，能永远不生气吗？课堂上生了气，要怎么样出场？

许多教授个性内向，喜欢做学问，并不喜欢教书，也不喜欢学生，却教了一辈子书。实际上教授表达能力最重要，学问再好，研究论文再多也没用。美国许多优质的非研究型大学，只有大学部，只重视教学，重视发掘学生潜能，激励他们接受挑战，如此为他们入研究所打下深厚基础，或教导他们成为社会中坚，或领袖型人物。我是喜欢教书的那一种，而且不会硬性地只教书本上的，做人处世也教，社会大染缸也教——台湾最杰出的中学校长应是早年新竹中学的辛志平校长，他勉励竹中毕业生：“为语桥下东流水，出山要比在山清。”我与新竹中学无关，却一直记得这句话。

第 4 章

硕士、博士还是出国留学

And most important, have the courage to follow your heart and intuition, they somehow already know what you truly want to become.

——乔布斯

大学毕业如果继续念研究生，那是为什么？不念而去就业，又是为什么？如果出国留学的比例不若以往，甚至今天有些人不去欧美或日本留学，因台北到北京只两个半小时机程，所以台湾到大陆或大陆到台湾的越来越多，那又代表了那种心态？中国学位能取代欧美日本等发达国家学位吗？

考研究生的原因

一般说来，如果只是为了个头衔，那就非得念个博士，才能被称为王博士、李博士，没听说过王硕士、李硕士这种称呼。念研究生对一个人的功名利禄都有利，从未听说念了反而不利这种话。让我们先来看看念研究生的目的（或原因），列举如下。

- 现实的考虑应是最大的目的。美国人口调查统计，职场上硕士的最后平均收入比学士多到接近20%，博士比学士多43%。但同为学士，专业理、工、医、法律、会计师收入比其他专业高60%。而且这些专业的学士学位收入比人文社会领域的硕、博士还要高，这是题外话了。一般而言，经济不景气时，学位高失业率较低。换言之，白领比蓝领失业率低，硕博士比学士低——教育是人一生中最好的投资。

- 有些工作基本要求是硕士学位，比如网络或数据通讯有关工作、财务分析及管理工作、心理治疗师等。也有些工作并不要求硕士学位，比如EQ比IQ更重要的销售工作及人事处工作，体育、文学、艺术等与天分有关的工作。哪些需要硕士？哪些不需要？随年代会有变化，同学最好上网查资讯，向校方就业辅导单位或向人力资源部门打听。

- 有成就感：穿硕士袍或博士袍走上舞台由校长手中接受文凭，台下父母朋友向你开怀招手，那种一生的成就感超越当时念此学位的困惑与疑虑。

- 有些人在学习中发现乐趣，一生都在学习，他们认为心智成长是人生最重要的一部分。这些人到了中年还想入研究所，为什么？因为研究所有设计好的课程，有专门教师指导，比自己摸索要省时省力。

- 职场上升迁容易。公司里的经理及主管常是具有毅力、有决断力、适应环境挑战的人，这些也是有心再念研究生学位者的特质。

● 除了以上正面的原因外，有些年轻人不知现在要干什么好，所以先念念研究生，将他的青春期延长；有些人就是喜欢学校的环境——当然先要不受到考试的威胁；有些是为了家人或女友的期待；有些是公司单位鼓励去念；或者对职场厌倦（看脸书的时间增长），想换个环境，那么念研究生可以是下一步棋。这些被动式地念研究生没有什么不好，因为可能念出兴趣，如果念到学位，那对升级加薪更是有利。

许多人说最好工作几年，知道自己要什么，再考研究生（大部分MBA要三年相关工作经验）。但这个工作期限不能太长，因为课程丢掉几年，可能就考不上了。我这文章不谈如何考研究生，如何取得相关信息如考古题或教授喜好等，那是补习班的事。

念研究生年龄不应太大，年轻时无养小孩养房贷的顾虑，学习力、接受力、可塑性、伸缩性都强。实际上，职场上多数人都认为有个工作不错，安逸，以前想念硕博士的念头也就在拖延等待中消失了。许多人以为要辞职才能去念研究生，其实你可说服公司机构念研究生对工作有好处，他们可能准许你半工半读，留职停薪，甚至补助你学费，给你额外事假修课。尤其现在硕士有取代学士的趋势，工作单位应该希望你多念个硕士。有些人修“在职硕士班”工作继续，晚间及周末修课。这方式相当好，我预期在职硕士班以后会多采用远程网络授课。但MBA或EMBA不应如此，为什么？因为这两项主要是结识业界朋友（Networking），不去学校上课就交不到这些朋友了。还有，目前虽有很多在职硕士，但总体来说，很多单位不太认可这个学位，不能达到“全日制学位”的含金量。主要原因在于这些人确实只是为了拿一个文凭，却没有好好地去学习，论文也是东拼西凑，所以社会认可度不高。

对于同学来说，如果决心念研究生，我建议你学士后立即念。因为今天硕士是学士的延长（不像以往硕士班极少，是另一个等级），所以越早念越好，免得日久生变，也比较容易考进去。当然，每个人状况不同，有些同学感觉已经念书念了16年，够腻歪了，想换换口味做做事。有些人发誓不再念书了，入了职场数年后又想回学校念研究生，甚至只是旁听课（考试考怕了），也感觉不错。所以何时去念，你自己要打听、与师长业界讨论、考虑自身状况后再做决定。

博士班是为有意进入大学教职及做研究工作而设。然而如今教授职位极难获得，一个空缺常有数百位中外博士竞争。于是人文领域许多博士常在图书馆或博物馆工作，甚至在高中任教，我知数年前台北建中就有八位博士教书。所谓博士英文是Ph.D.（Doctor of Philosophy），直译为“哲学博士”，是指对该学术领域有相当的认识，能独力进行研究，有逻辑学术分析能力的最高学位，并不是单指哲学系出身。一般硕士要修三年左右，博士要在硕士后再修四年。如果半工半读，学习年限还要延长。

研究生的意义

现在我们谈到研究生与大学本科的区别。基本上，大学四年传授的是已有的知识，研究生除传授已有知识外，还有硕博士论文探讨未知世界（大学如有大四毕业论文，多是汇编报告性质，要求不高）。然而美国的工学院也有以多修若干学分取代硕士论文的方案（Plan B），我在得克萨斯州念硕士就是选择这个多修课的方案。为什么？因为知道自己一定会去念博士，所以做一个博士论文就够了。Plan B的好处是只要多修一学期的课就毕业去找工作，做硕士论文通常一学期是出不来的。但据我所知，工学院以外多无Plan B方案。我想那时美国急需工程师，所以才有Plan B之设。这里要说明，研究生的每个学分要比大学本科的难很多，花的时间也多很多。

研究生的论文研究应是探索未知的世界，或未知的方法。但有些论文竟是负面的，结论是证明这假设立论不正确，这条路行不通，或这方法不正确（包括不经济或不值得）。这种论文只要写得好，就有价值。此外，研究生必须要了解：指导教授只是给了你一个论文题目或方向（加上研究助教经费），他并没有答案，否则就不必做了。实际上，这研究你比他懂得还多，因为他日理万机，指导许多研究生，再加教书及行政工作，你是全心全力就对付这一篇论文的研究。所以你不能老去问他，你要独立作战，否则指导教授会认为你不行——这也是研究生与本科生的不同：一个独立作战，一个接受指导。有些人论文拖了好几年，就是因为独立性不够。我们从小习惯接受师长父母的教导，告诉我们该怎么做，现在你要带头做这个研究啦！

有些论文研究可能过分高调，不切实际，那是因为研究生年轻无经验，好高骛远，甚至狂妄，而大牌教授太忙，没有注意。教授应指导学生从根本了解，不是天马行空，很多成就是一辈子的努力，一步步走上去的。我个人在密歇根做博士论文时异想天开，想把一个一般的工程现象及物质导入五度空间（三维空间加一维时间及一维温度）的复杂数学领域，是个黏弹性力学的问题，挣扎了一年多无所获。这时三位指导教授问我为何如此由简入繁？意义及意图何在？我那时充满了幻想，认为中国人是诗与浪漫的民族，欲将工程、哲学、数学与文学糅合在一起……最后还是乖乖地用一般实验、有限元素计算机分析及工地观测数据影像，将论文完成。

因为大学教职及学术研究工作究竟是名额有限，如果太喜爱大学的环境及气氛，那么可能会厌恶职场，但假使完成博士学位后又挤不进大学之门，该怎么办？你要面对你的人生做调适，念研究生时（尤其是博士生）就必须要了解以后的工作，不一定与研究生时所学有关。还有职场一般并不重视博士学位，因为没有必要。在美国及台湾，有些行业更重视执照，如果取得学位后未经考试考取执照，连“资深位阶”（senior position）都不准升。我的名片在姓名后就有Ph.D，P.E.，G.E.表示除博士学位外，还有“土木工程技师执照”及“大地工程技师执照”。否则对方可能认为我不够资格谈工程计划。说这些，就是要准备念研究生的同学心理有准备——在职场上，技师执照比硕博士学位更能作“敲门砖”，中国大陆早晚也会走上这条路。同样的，医生、会计师、律师都会需要考上执照才能执业。

最好学士、硕士、博士念不同大学，最好城市及南北也不一样，如此暴露性强，视野开阔，老窝在一个地方容易生锈。要念研究生当然最好是进研究型大学 。但是职场上只有第一年重视出身学校，以后要靠工作表现了，私人企业尤其如此，为了赚钱，为了和同业竞争，谁管你北大清华！

毕业了！该不该考研究所？

你要留洋吗

现在留学美国的比例比以前高。除公费留学外，大家要抢美国大学的奖学金（Scholarship，

Fellowship)、助教金(Teaching Assistantship，TA)或研究助理(Reaseach Assistantship，RA)这些大饼。基本上，留学放洋是件苦差事，因为要在不同文化习俗、不同语言、高物价生活程度的情况下求学——出国留学是很多人的梦想，也可能是很多人的噩梦。留学的好处当然相当多：吸取发达国家的知识，经历不同文化习俗，开广视野，学成归国在收入及职位上均占优势，更因外国语及外国关系而能进入优质跨国企业，名义上留过洋令人刮目相看……

只要在发达国家住上一阵子，不入学念书，都有好处。起码你感染到这些较高素质国民是如何应对及思维的，处理事情的方式如何，甚至他们的举止、气质、风度、艺术品位都值得学习。诺贝尔文学奖最年轻的得主英国人吉卜林(Rudyard Kipling，1865—1936)曾说："仅知英国的人，如何能真正知道英国呢？一定要离开英国，由外面看英国，要与外国比较，才了解英国。"

我国最早的留学生可能是《西游记》里的唐三藏(唐僧)，实有其人是唐朝的僧人玄奘(A.D. 602—664)，前往印度取经，我好奇玄奘是如何学习印度文的。基本上，留学要有该国语文的能力，越早去越好，因为年轻学得最快，对于该国的文化习俗也融入得快。一般说来，9岁是个切入点，15岁是另一个切入点。9岁或之前留学或迁去另一个地方，会全盘融入迁入国(或地方)的语言及文化，来往朋友也是新地方的人，婚姻对象将是当地人(比如美国人或ABC)。换言之，与母国的脐带切断，只是还保留一条中国尾巴。9岁至15岁之前留学，保留母国文化及语言，但不会全留，来往朋友两边都有。15岁以后留学，最后即使比我们这些二十大几才来美国的英文要好很多，融入要强很多，但心态上还是和二十多岁才来的没区别：要结交母国来的做婚姻对象，要聊北京或上海那些往事，要为钓鱼岛不惜发生战争……我写下这些是提醒作父母的阅读此书，得考虑是否该将孩子幼小时就送出国，因为最后可能失掉这个孩子，这孩子已全盘美国化，不会再愿意回国，你要退休后去美国依亲做等吃、等睡、等死的“三等人”吗？

是否该留学得根据学习能力、爱好、经济能力、外国语言能力这四项做判断，个人因素如异性朋友在美国，或父母期望等不在本文讨论之内。以下是三个不同状况（阶段）供你作参考。

（1）如果在国内只是高中、专科或较差大学毕业，就业上没有优势，这时只要家庭经济许可，最好考虑留学——也就是去镀一层金。大专生与高中生出国留学，起点是一样的，不如早点出国。有时申请到国外的大学比国内的还要好，因为许多外国大学要保留名额给留学生。

（2）能考上国内名校名系，最好不要轻易放弃，如此增加你的国内经验，这对你以后在国内就业有不小帮助，念完再去外国念研究生。

（3）在（1）与（2）之间的同学我没意见，你要视本身状况而定。

（4）在国内念完硕士，再去国外念博士，不如留学把硕士博士一齐在国外念完，尤其在国外念硕士时找念博士的男女朋友要容易太多了。最好学士、硕士、博士念不同的大学，履历表上看起来也比较好看。我的助教是中文系的博士生，我建议他到祖国大陆或日本做博士后研究一两年，增加履历，如此容易找到好的大学的教职。

留学美国

除特殊原因外，留学一定是去发达国家。中国目前是世界上留学生最大的输出国，占世界各国留学生总数14%。中国有60%留学美国，其他欧洲、日本、新西兰及澳大利亚等区域都远低于留美人数。实际上，世界各国留学生有接近1/2选择美国。目前美国有约97万名世界各国来的留学生，中国大陆接近30万居最高。其中南加州大学、密歇根州大、伊利诺大学每校就有近5000名中国留学生。我念研究生时，这些大学的中国同学会只有二三百名会员。这97万留学生每年学杂生活费贡献给美国约220亿美元。野鸡大学也是以美国最多，每个在野鸡大学留学生的花费可以养活一个美国人。为什么去美国留学？除了美国学术水平高外，毕业能留下来拿美元也是一个重大原因。再有美国自1776年独立以来没有过本土战争（除了短期的南北战争），都是在外国打的。两次世界大战更让美国卖军火赚了大钱。美国是个移民国家，人种的大熔炉，连黑人都能当选总统。如果学成留下来就业，不管是政府或私人企业都没有问题，甚至可以升到高位，比如念过台北再兴小学的赵晓兰升到美国劳工部部长。在欧洲或日本就办不到了，只能开餐馆，开餐馆最好还会讲温州话。

大学排名有好几种，最负盛名的是英国“泰晤士高等教育世界大学排名”。2016泰晤士的排名前20名有15名是美国的大学，美国的学术水平远远超过欧洲各国。排在前50名亚洲大学只有新加坡大学、东京大学、香港大学、北京大学、（北京）清华大学等5校。排名连续五年第一的是加州理工学院（California Institute of Technology，简称Cal Tech），接下去是哈佛、牛津、斯坦福、MIT等名校。Cal Tech位于洛杉矶北方，我去参观过，校园并不起眼，有123年历史，至今仅有900多名大学生，1200多名研究生，师生比是1比3（台大是1比16）。如此小的一个学校，竟有32位诺贝尔奖得主，而隶数该校的“喷气推进实验室”（Jet Propulsion Laboratory，JPL）对美国的火箭、太空计划、弹道导弹都有相当贡献。中国的“导弹之父”及“航天之父”钱学森就是在Cal Tech取得博士，及后任职JPL。我提到他，也因为他和先父是北京师大附中同学。

其实美国在1894年才在工业总生产上领先全世界，但那时学术上领先的还是英国及德国，军事武力是英国第一。进入20世纪，两次世界大战把美国打阔了，打强了。更有许多世界顶尖人才，为了高收入，为了躲避战乱，为了更好的科研环境移居美国。如此，雪球越滚越大，来此念书、教书、做研究的各国菁英聚集在大学及研究院，互相交流、切磋、竞争、合作。而美国的大学也发展出国际性的经验，熟练地协助留学生落地生根，甚至在他们将毕业时辅导就业——美国公司及机构是欢迎外国人来就职的。这不是基于关怀弱者赏口饭吃，而是美国大多数企业都向海外发展，有了各国留美菁英加盟，当然对公司有好处。美国人的本土民粹观念比起世界上任何国家都要小很多，公司机构里见到各种口音及肤色长相的同事是家常便饭，有些工程单位更是一个小小联合国，因为工学院的学生外籍生比美国本地生要多很多，比如全美电机系研究生有71%是外籍留学生。请问北大或清华微电子或计算机科系有几名外籍生？

如果你在校成绩平平，家里供不起你去美国留学，要借钱，去就得打工还钱……要去就去，多想一事无成，就是一股冲劲，谈恋爱、结婚、创业都是如此，留学也是如此。

留学日本，欧洲，澳大利亚和新西兰

对整个国家来说，留学美国以外国家扩大了我们的接触面，尤其是日本与我国亦敌亦友，近百年有着千丝万缕的关系；欧洲则是西方文化的源起之地；澳大利亚和新西兰是近年才开始流行去留学的英语国家。基本上，在这些国家学成后想要留下来就业远比不上美国，加上学术水平落后美国，所以我国只有不到一半留学生去这些国家。有一种说法是留美的亲美，留日的亲日，留欧的亲欧洲——我的观察也差不多是如此。

打工是日本留学的一大特色，日本政府也准许留学生每周工作28小时，但是要完全靠打工来维持全年学杂费及生活费，那就不太容易了！欧洲及澳大利亚也是如此。还有一个留学国语言的问题，日本与我国文化及语言均接近，所以日文最容易学；英文是我国中小学规定课程，再加上无所不在的美国电影及文化，所以英语国家算是熟悉；其他德、法、西班牙等欧洲语就要困难许多，俄、意、荷、北欧等更是偏门。如果要争取欧洲或日本的公费或留学补助，没有

牛顿在剑桥大学这株苹果树下发现万有引力

通过语言是不可能获得的。基本上澳大利亚和新西兰这两个英语国家虽是英国移民建立的，但更接近及相似美国，而且留学澳大利亚和新西兰费用要比欧美小不少。

这里我要提到一点，欧洲在文化上要比美国、加拿大及中南美国家多元得多，欧洲国家也比较重视文化。所以学习科技之外的八大艺术（诗歌、音乐、绘画、建筑、雕刻、舞蹈、电影、文学）或社会科学，也应考虑留学欧洲。到底，美国留学生实在太多了，为了某种特定原因，有些职位会优先雇用其他各国的“海归”。

去台湾、香港、澳门念书

因为两岸“教育大三通”蓄势待发，学位互相承认，两边同文同种念书比去外国要容易得多。

关于大陆学生到台湾念书，有一种顾虑是台湾的学位以后会不会输大陆学位？或不被承认？我认为不会如此，因为伪满洲国的学位并没有不被承认。只是，到台湾念大学不能打工赚学杂生活费，毕业后不能留下工作，这是因为台湾年轻人失业率高。而台湾的大学太多，学生不够，有些猛招大陆学生，以后大陆的雇主即使承认台湾学位，但是否重视这些大学的学位，乃在未知之数。还有，台湾的人脉大陆用得上吗？但是来台湾修交换学分就没这个问题，比方台湾新闻传播业界最推荐的是世新大学的毕业生，因为实务训练强。所以小小一个世新大学竟有一千名大陆生，许多都是来修大众传播的学分，以后他们还是回到自己的大学拿学位。世新大学还是第九、第十届全国人大副委员长成思危的家族创办的。

我还要提醒各位一点：台湾有94000家台商，需要人才超过3000

万人。公司干部用谁？当然是曾在台湾的大学念过书的大陆生优先，他们熟悉台湾及大陆的文化及生活方式，与当地人沟通又没问题。

台湾共170所大学左右，排名是台成清交（台大、成大、清华、交大）；再下去是中字号（“中央”、中兴、中正、中山四所）。私立大学比公立大学要差不少，学费也贵很多，学校的资源难以与公立大学比。大概说来，台湾的私立大学每学期学杂费平均9000人民币，公立大学减半为4500人民币，食宿费大约每个月2100人民币。这比大陆贵，但比香港，还有去美国、日本还是要便宜很多。私立大学以淡江、辅仁、逢甲、东吴、元智、中原及东海排名在前，多是基督教会大学。

我国的大学生近年大批留学外国，许多回国成为“海归”，2012这一年就有近28万名留学生归国，近5年有80万名“海归”。中国的“两弹一星”（原子弹，氢弹，人造卫星）及洲际弹道导弹都是早年“海归”发展出来的。清华大学的一位管理学院院长指出：除科技外，大陆也需要留学生吸取各国治理模式的经验及教训，以建立更好的中国治理模式，这需要“海归”在观念、理论及思想等方面作出努力。同样的，台湾近20年的经济发展主力不再是鞋、衣、食品、台灯等民生用品，而是各科学园区的高科技产品，这些重要的产品也是留美生归台规划或领导完成的。

我是以台湾“五年五百亿”菁英条款被成功大学聘任。大陆也有相似的“985工程”——1998年5月由江泽民提出，目的是建立世界一流大学，目前有39所，其中北京8所，上海4所。江泽民当时是国家主席、中国共产党总书记、中央军委主席，集党政军最高职务于一身，他是国民党掌握国家权力时期的上海交通大学电机系毕业。另外还有一个“211工程”，也是1990年代开始实施，目的是为进入21世纪，重点建设100所大学及一批重点学科的建设工程。很明显，海峡两岸的菁英大学条款都是以理工医为主，我却是在这菁英条款下被聘教授文学与电影。

美国大学的研究经费来自政府、企业、军方及私人捐款。台湾多来自行政部门，企业界不多，产学合作现阶段以科技大学及技术学院为主。大陆学生来台湾念书，获得台方大学研究补助或担任助教的机会接近零。这些，不只是念书时收入的问题，还有工作经验及履历表上的列项。

如果去香港念大学本科，毕业后可以留港工作及取得身份，收入比大陆高不少。也可以回大陆念研究所，不需要参加一般考试，但还是付中国公民的学费，不是留学生的高额学费，真是划得来。

一般说来，香港因袭英国传统，学术水平相当高，教学思想开放，这对学术研究及专业探讨有利。教育的方式是西方式的，用英语授课，能学到的东西要比大陆的大学多，而且港大、中文大学、香港科技大学、香港理工大学、香港城市大学的排名都比内地大学高。但是消费要比内地高很多，而且社会有些乱，也相当排外，但对西方人出奇的友善，有些巴结。我到旅馆登记入住，不会讲广东话，但一开口是纯美国口音的英语，全场肃然起敬。

香港是纯粹国际化的城市，与国际接轨远超过内地，世界各国的人都去香港游览、工作、洽商，接触面广，学位比国内更有竞争力，起码对国内的私人公司或外商公司是如此。

澳门有十所大学，历史都很短，水平远逊于香港的大学，要靠赌场缴的税来维持。但澳门生活安逸，竞争容易，优秀的学生多选去内地、香港、台湾的好大学就读。

就业与创业

许多人大学毕业立即就业，不考虑念研究生或留学。他们有足够的原因如此做，也一定衡量过得失。有些人说："我不是读书的料子，也根本不喜欢读书，12年罪受够了，你们去念吧，不奉陪了！"他们在职场上快乐得多，像飞出笼子的鸟，由客厅小鱼缸入了大海的鱼。这种人如果交际手腕高，EQ及SQ高，职场上大显身手指日可待，也就不必再回笼痛苦地念研究生了。职场上混久了，回个半瓶醋的大学再混个MBA 或EMBA，说不定还会和贪官、名嘴、小开、女主播同窗。反正这种硕士就是要你混，交社会朋友的。

社会上有各种人，教育界有各种大学，电视报纸上有各种故事，没什么好大惊小怪的。

美国有少数人大学念一半就退学，去写小说，在车库里开公司，最后变成大文豪或企业大亨。比如两位诺贝尔文学奖得主史坦贝克（John Steinbeck）及福克纳（William Faulkner）；微软创办人比尔盖茨（William "Bill" Gates）及苹果计算机的创办人贾伯斯（Steve Jobs）。这些人中途辍学出校门试一试，并不知道以后有这么大的成就。位在硅谷的名校斯坦福大学电机系2013年春季就有十多位同学出走创业。硅谷还有一位个人资产近百亿人民币的创投家泰尔（Peter Thiel），他主张20岁前创业，他自2011年起每年挑选20名20岁以下的大学生，每人给10万美元用两年来创业（Thiel Fellowship），条件是这两年一定要休学，全力创业。这种条件——20岁以下、休学两年，显然是受到以上所提成功人士的启发。主要是计算机信息革命令互联网迅速供给信息，同一时间看到同一机会的人大量增加，不快点下手就被别人抢去先机，所以泰尔鼓励年轻人念大学时就出来创业。这种鼓励在保守的东方很难被接受。如果你要如此，创业资金在哪里？你的父母及女友或男友会认可吗？但是如有好点子，大学耽误几年又如何？不要忘记我们有44年的工作时间，不差那几年，如果不去做，将来后悔一辈子。你想想吧！

我的个人经验

因为每个人情况不一样，时代也不同，而我也没什么伟大成就，可成为各位的楷模，所以只能轻描淡写一下，并不足以作为样板。我是成大工学院毕业后服少尉预官役，在野战部队轻装师步兵连带兵。退役后赴美在得克萨斯州念硕士，然后去密歇根念的博士，都是工程，但对工程无兴趣。因为自小功课强，IQ高，念当时台北最好的“国语实小”，两次智力测验全校最高分，所以念什么都可以，是那种运气好的小孩，从小不受考试威胁。念工学院是因为出路、虚荣心及建中的传统。

该不该念研究所？该不该留学？留学哪一国？还去港澳台？还是就业？还是创业？这些你要自己衡量，但也不必太介意走错一步。为什么？再重复说一次：因为你才22岁，你要工作到66岁或以上，也就是工作44年，哪里差那一两年呢？我对我儿女的教育就是采这种开放的态度，不要忘记，我还是从小念名校，保守及传统的好学生呢。

第 5 章

恋爱，大学里的选修还是必修

蓬莱此去无多路，青鸟殷勤为探看。

——李商隐《无题》

“课业、金钱、社团、爱情”是大学生活的四大学分。课业威胁不只落在成绩不好的学生，高成绩者更要争前；金钱？穷学生受金钱威胁，阔学生也觉得永远花得不够爽，因为年轻人有欲望、有虚荣心，要花钱；社团活动五花八门，有些生性外向的大学生像抽鸦片一样沉迷其中，不能自拔，谨建议选择参加一两个就够了，要学习控制自己。为什么？你想一想。

现在我们来谈谈爱情、交友及婚姻吧——这是绝大多数年轻人最重视、最渴望、最苦恼、最惶恐、最迷失的一个学分。修不好，身心俱疲，甚至可以灭顶。那不只是年轻大学学子，历史上的英雄拿破仑为约瑟芬失魂落魄；楚霸王项羽垓下之围为爱妾虞姬唱出“虞兮虞兮奈若何”，然后乌江自刎；特洛伊木马屠城之战竟是为了美女海伦而大动干戈；《长恨歌》也是为了那段生死缠绵之恋写成不朽长诗，最后：“天长地久有时尽，此恨绵绵无绝期”。

长篇小说最大的两个主题就是战争与爱情。千万人生死的战争竟与两人之间的爱情画等号！在保守传统的亚洲国家，相当多的大学生在校时并没有过爱情经验。但是不管有钱没钱，有大志或无大志，有时间或无时间，同性恋、异性恋或双性恋，爱情经常在你脑海中，在你的期待中——因为这就是人性。爱情可以四面楚歌，轰轰烈烈；也可以小桥流水，平平淡淡。

什么是爱情

有些人竟用星座或塔罗牌来界定爱情，那是游戏、迷信或荒唐。

简单地说一句，爱情是一种感觉，一种沉迷，见面脸红、心跳、说话不顺、眨眼……于是爱情发生了。极大多数爱情发生时是被对方的仪容及举止所吸引，少由内在所诱导。至于仪容举止如何评分，固然有多数人一般认可的标准，但我看主观的成分也不小……也就是因人而异。我们一直认为鹅蛋瓜子脸型最美，但有位老兄告诉我方形国字脸最吸引他。最后他真的娶了个国字面，外号“大脸”的女同学，而且，大脸嫂进入中年发福后，脸更大，更扁，更方，但是两人真是很恩爱，绝对入选北京十大恩爱夫妻。

基本上，爱情分生理及心理两层面。肉体的接触程度如牵手、接吻或性交是爱情行为的指标，是生理上的需要，也是两情相悦后的进展。心理上爱情包括了给予对方的关怀、承诺、认同及依附，当然也有占有感，总不能与人共享吧。百年前的三妻四妾或洪荒远古母系社会的一妻多夫，今天已行不通，犯了重婚罪，违反新《婚姻法》。一般说来，男女交往彼此喜欢，或进入爱情，其实就是程度之分。友情与爱情则可以相差很多，我自己就有些女性友人，交往多年，谈得来，也彼此相互关怀，但不可能产生爱情。为什么？因为没有那种感觉，以前没有，现在没有，以后也不可能有。所谓“男女交往久了，一定产生爱情”，我不相信。但是恋情在分手消失后，转成友伴之情，却大有可能。大龙对我们说：“当年她把我甩了，让我痛苦了许多年。如今她丈夫已走，她也变成扁平的OBS（日语“老太太”），而我却功成名就，越老越帅（这个，我们朋友们都不认为如此），我反而常去帮助她。”

爱情是强烈的感情，其中有痛苦、狂喜、绚丽、焦虑、嫉妒、等待、冲突……由这些形容词，可看出乐少苦多。有一首动人心弦的法国歌曲《爱的喜悦》（*Plaisir D'amour*），歌词一开始就是：“爱情的喜悦是短暂的，它的痛苦却萦绕终生……”如果，有那么多痛苦与折磨，大家还是飞蛾扑火，享受短暂的喜悦，那种强烈的感受，就必然值得飞进去！

大学生的爱情是选修还是必修

Plaisir D'amour爱的喜悦

在中国，不论大陆还是台湾，高中生谈恋爱的不多。因为许多家长及校方反对，尤其是针对女生，台湾许多高中还是男女分校，许多高中生自知得要拼命，进入公认的人生正式学习的最后一站，就是大学。所以高中时憧憬爱情但错过恋爱的，一入大学，就摩拳擦掌，准备大显身手，轰轰烈烈地来一场。这时多数父母也希望子女开始交朋友，如果一直无动静，父母就开始紧张，以为是同性恋，是同性恋的也常不敢公开出柜。在欧美国家，大学生几乎急急忙忙的要交朋友，女生到了大学毕业还是处女的是极少数。同性恋在校园公开活动——但不是大肆活动，因为没有那个必要。

大学生的恋爱，与毕业后年轻人的恋爱相当不同。职场上或研究生的恋爱常有婚姻或同居的考虑，大学生的恋爱则多想不到长相厮守这回事。因为平均要到30岁左右才成婚，离得还远，眼前还有求职、钞票、留学这些烦人的事。那么为什么要交友及恋爱？原因不外：年龄到了（所以理所当然），没有爱情人生不完美，虚荣心，心情调剂或作乐，为未来成婚那场恋爱（不一定是这一次）做暖身及锻炼。其他奇奇怪怪的原因我想不到，或想得到，也不必说了。

谈恋爱需要缘分，如果目的性太强，常会伤到自己或对方。当然，情场上许多事不可预料，也难以控制（或管制）。谈恋爱是选修学分，不是必修。顺其自然，邂逅那人就是遇见了，否则呢？否则就是没遇到。没有必要大学时一定要交到一个心满意足的对象。尤其，进入爱情的心理准备相当重要，为什么？因为彼此都不成熟，冲突难免。现实生活中的配对常不完美，即使彼此条件旗鼓相当，个性及喜好却可能南辕北辙，于是大学的“绝配”走进礼堂的相当少，多在校时就不愉快地分手。也因多见如此，抱着“死生契阔，与子成说，执子之手，与子偕老。”（《诗经·邶风·击鼓篇》）想法的大学生相当少。在将进入恋爱时，你要理性地考虑是否与对方在各方面相合及相配，这包括双方的外在的条件、观念、兴趣甚至家庭背景。当然，即使不合也可能以后发展、相磨、接纳、容忍、改善为相容。

举例来说，我曾问有强烈政治主张或笃信宗教的人，如果遇上不同政治信仰或不同宗教信仰的对象要怎么办？回答几乎都是爱情为先。换言之，哪个宗教或政治信仰也比不上爱情。实际上，我也看到相反的人结合，后来过得都还不错，可见宗教或政治也可以妥协或适应。只是，如果一开始就立场相异，可能迈不进第一步的交往，因为没有机会；或者有顾忌，所以浅交即止。

现在大家对大学生男女同居的看法比较开放，但是乡村及小镇来的还是比大城市的要保守。像美国女大学生一定要在毕业前献出处女身份，以证明长成，那是风气，我们似乎没有必要跟随。这些观念都会因时演变，比如我国唐朝时女子贞操观念淡薄，后朝又有贞节牌坊之立。当然，这里我不是建议每所大学都在图书馆前立一座贞节牌坊，把毕业前能守住贞操的女生名字都刻上去——那将是校园一景，能吸引大批观光客。

有许多农村来的大学生，背负着全村唯一大学生的使命，要跃龙门以光宗耀祖；同时也因经济因素产生自卑感，认为自己不配谈恋爱，甚至认为自己是“屌丝”或“鲁蛇”（Loser）。这现象在台湾的大学里不存在。这种自卑感完全没有必要，因为英雄不论出身低。中外的习惯是男学生要负担所有的花费，如果男学生经济状况不好，女学生大可帮助他，因为他是有前途的青年，否则你可能失去他。

此外，我要提到，以恋爱作为调剂并无不可，因为我们本来就需要这些，追求快乐是人的权利，又何况两情相悦就是双赢。只是要顾及人言可畏。念大学时有个女生换人频繁，赢得“女生第三宿舍查泰莱夫人”的雅号。因被界定为非良家妇女，以后有意追求者望而却步。人不能不顾及名誉，尤其是女生。男生就不一定，常言“男人不坏，女人不爱”，如此说不公平吧？没错，本来男女之间就还不公平。

许多大学生希望有爱情，却又得不到爱情。对男学生来说，那只有厚着脸皮去找，处处碰壁处处碰（害羞的男生另当别论），皮也越碰越厚，总不会那么倒霉，什么也碰不上吧？但是女生的确有许多不方便，如果喜欢一个男生，不方便主动去追，只能暗示，对方领会不到就没办法了，总不能像男生一样大胆下手、碰壁吧。我是男人，不知道该怎么向女生建议，你们自己想办法吧。

还有如果双方条件悬殊，你要警惕是否对方只是玩玩，还是对方刚失恋，寂寞，想消遣一下，你就是备胎上场，下一站就换上正车胎。这种事是N次方程式，无解，只能认命。我曾认识一个外校学生，本身条件不太好，做过女同学备胎数次，也甘之如饴。为什么？因为他最大的长处就是有自知之明，对他来说，能做备胎就不错了，这些女生都是天上掉下来的礼物。

双方重视对方什么

台湾及大陆都有许多有关交友、恋爱及婚姻的问卷调查统计，正确度不可考，因为答卷者的态度及答卷的时宜不同。但看过这么多问卷，可以将大学男女生对交友选择条件归纳如下，大陆和台湾差不多，甚至上英文网站，发现洋人的观点也接近，可见在这方面，有文化的国家都一样。

女生重视的是男生的上进心、诚实、强度、领袖气派、幽默、做事有目标、有吸引力、能尊重及照顾她——这些都是典型的男子汉特色。我倒好奇男生的仪表相貌并没有被列到前面，也就是说女生固然喜欢多看两眼英俊高大的男生，夸他两句，但不认为那是择偶重要的条件。其实自洞穴时代开始，女子就要选择很强的男人，不是好看的男人。另外男子的经济状况未被列在前面，那是因为大学女生年轻，还未想到婚姻。到了适婚年龄，男子的经济状况一定会成为择偶重要条件之一。

男生看女生还是以外在的仪表为重，也就是相貌和身材，以及她的举止气质是否优雅、是否有女人味。此外男生希望女生夸赞他，能欣赏他的夸大吹嘘，也希望有共同的兴趣及话题。至于她的治家能力及处事能力并不重要，因为大学时代主要是念书，没什么家可治，也没什么事要处理。有时，女生吸引男生的地方就是她的软弱、无助、楚楚动人，如此给了他英雄救美的机会，那是多么风光啊！

一般说来，男人越男性化(masculine)，女人越女性化(feminine)，就越能吸引对方。这是大原则。

爱情是灵药？毒药？

爱情是一种快乐，也是一种痛苦。人生是一连串的偶然与无奈，爱情是单行道，不能回头，占有的成分远高于牺牲及容忍。我以前喜欢美国流行歌曲，有统计指出60%以上歌词与失恋有关。董尼采第（Donizetti）在《爱情的灵药》一剧中著名的咏叹调《一滴情泪》唱出服下灵药能令对方爱上你。属真？是假？何从判断？

年纪越轻，爱情越炽烈。开始交往时相敬如宾，一进入恋爱吵架就来了，而且以悲剧终场的爱情不在少数。请问，你知道有多少人与初恋情人结婚？

女孩比男孩要敏感得多，年轻的男孩常注意不到这些，造成破裂。

帕瓦罗蒂演唱《爱情的灵药》

男孩一般说来占有欲相当强，而且表现在外。也喜欢夸大吹嘘自己的长处，这是天性，女孩可以顺应夸他，满足他的虚荣心。我知道有个没受什么教育卖瓷水杯的妇人对她20岁的女儿说："对男人就要像对小孩一样。"这句话学问可大了！其实女人占有欲比男人还强，只是不便表现出来。

如果爱情变成毒药，对方要分手，那再努力也没用。为什么？因为爱情是一种感觉，不是理性的衡量，感觉没有了，或感觉给了另外一个人，还能挽回什么？不如另找出路，绝不值得做出不理性行为，伤人或伤己，甚至以生命要挟。失恋对双方打击是同样的，解决失恋最好的方法就是交另一个朋友取代他；另一方法就是忘记，忘记恋爱时的快乐、痛苦、失落。

爱情的下一步常是婚姻，那么——

婚姻是天堂？地狱？

你当然听过婚姻像攻城，城里的人想突围，城外的人想打进去。实际上突围和攻城都是幻象，稍瞬即失。一个成功的婚姻最重要的是条件的配合，不一定是爱情的结果。爱情的新鲜感能维持良久吗？婚姻是一辈子的事，还关联到亲友、事业、财产、名声、宗教甚至政治圈子，你说能不考虑双方条件的配合吗？贸然为爱情成婚，以后再后悔就麻烦了。为什么？因为我们不是为了离婚而结婚。现在可以试婚，也可以男女财产分开，所以婚姻应该比以往更有理智地衡量。然而，几十年婚姻下来，双方的条件可以起大变化：变丑了，变得远超出配偶的能力，变得更有地位，收入更多……这不是只有男方，我看到女方后来远远超越男方的比比皆是。事业有成的女人，每天下班回家，看到那个面目可憎、秃头、中肥、穿着睡衣的老公，心中是何滋味可想而知。

至于婚外情，如今社会开放，那已不再是男子的特权专利。如何预防或阻止？还是依市场机制不闻不问？结婚后如果每家购置一架家用测谎器（Lie Detector）是否有效？机场附近为方便有二奶村公寓，是否该由政府与地产商协同阻止此类规划？……我看这些顾忌实际上没有解决之道，也只能顺应社会习俗发展。信教的人常用“沉沦”这两个字，但是，是沉沦还是人性？

因为女人比男人多活六七岁，又通常比丈夫小两三岁，所以老年时寡居近10年，怎么办？让我告诉你。男人进入中年就变成寂寞的人，有饮酒作乐、赌牌、讲黄色笑话的朋友，但没有分享心中话、痛苦、忧心、顾虑的友人，你的父亲就是如此。女人完全不同，一直到极老还有闺中密友分享心中的私密。女人彼此讲小话、嫉妒、挑剔，但是她们之间的友情比男人要亲密得多。所以老年女子丧偶后，可能与姐妹或要好单身女友同住；男子丧偶则很快再婚，鲜有与兄弟同居的。当然，老年女子难找对象也是事实。老男人只要口袋够深，还是有人要。但是年轻女孩嫁老男人，此老人一定要具备三高：年龄高、存款高、血压高，否则……那就划不来了！由此观之，婚姻是天堂或地狱应是你当

婚后设置一台测谎机管用吗

初的眼光及判断，也是夫妻俩人的磨合及命运。

换个话题，如今网络交友成婚的现象越来越普遍。美国网络交友有三分之一步入礼堂。我想中国也会走上这条路。是好是坏，我无意见——但愿人长久，千里共婵娟。

同性之恋

最后讲讲同性恋。因为现在人们对他们越来越容忍，他们气势也越来越盛。我年轻时嘲笑他们，现在不会。我认识三个同性恋者是台湾极著名作家、舞蹈家、艺术评论家，与他们来往很自在，因为他们有女性温柔的一面，没有同性的威胁性敌意。他们因荷尔蒙、基因或遗传而与我们异性恋者不同，并非刻意选择同性恋。我因教授欧洲文学，必须要多读“圣经”。看到《旧约》中上帝要消灭同性恋者，很不以为然。性取向不可能改变，所以家人对同性恋子女要了解、接受、协助，强迫导向没有用——他们已经受过许多痛苦了。但是，军官、教师及神职人员的同性恋倾向必须要被注意及约束，因为他们的行业讲求服从，权力可能被滥用。尤其是军队，如此可以严重影响部队作战能力，甚至导致不必要的伤亡。至于同性恋伴侣领养子女是否恰当，子女会不会被歧视，会不会缺乏传统父母之爱与教诲，会不会在性取向上受到影响，不是这本书探讨的范围。

结语

“春蚕到死丝方尽，蜡炬成灰泪始干。”爱情令人憧憬、歌唱，也令人迷茫、喜悦、心碎。英雄美人都难过情关，凡人岂又奈何？因为爱情的感性，合理分析或解释纯属徒然。即使大学四年无情无爱度过，相思之念也常萦绕。爱情来了，爱情又走了，秋天来了，秋天又走了，那种满园萧瑟轻柔压抑的情绪，对大数人来说，并非陌生。

若说有所结论，不如无所结论。

第 6 章 大学期间如何更好地阅读

我思故我在。（拉丁文：Cogito Ergo Sum，英文：I think therefore I am）

——笛卡尔（Descartes）

阅读与思考是大学生活重要的一部分。因为念了大学，所以要阅读与思考。

并非每个人都要阅读，都要思考。表舅1950年代在台湾野战部队步兵轻装师服预官役，是少尉排长，上面给他们的指令是：“好的士兵不多想，要服从！”那时台湾步兵师的士官多是大陆上乡村抓壮丁来的，都上过战场，杀过人，不识字，军中教育得以粗识文字。有一次野战部队发起“不怕死运动”，来个考试竟然不是是非选择，是十几题的问答题。表舅说看隔壁老兵中士弹药副班长答题毫不犹豫，每题都只写三个字：“不怕死”，“不怕死”，“不怕死”……成绩公布比他这大学毕业军官还高个十几分。老芋仔副班长得意扬扬地对他说："嘿嘿嘿！排长，军队里的事不是你能了解的。"我曾看过一部外国战争电影，片中西恩·康纳利（Sean Connery）也对他手下士兵说："Good soldiers never think，they obey."实际上，多读多想会产生怀疑，降低信仰。作为一个好士兵、好教徒，服从及信仰是重要元素。但无论如何，现代战争及新式武器都不一样了，搞不好还没看到对方，自己命就没了。现在兵士起码都有高中程度，要了解新武器，计算机网络信息，都得阅读学习，不再能用过时的"不怕死运动"去启迪士兵了。

信仰产生力量，知识也产生力量，这两者基本上背道而驰。我在大学教授"近代欧洲文学"及"现代美国文学"课程，必须要对《圣经》有某种程度的了解，因为西方文学的两大根源是古希腊文化及《圣经》。我也曾数度演讲有关此西方文学之两大根源。许多人都以为我是虔诚的教徒或传教士出身，但在讲完问题回答时间，我告诉听众这里只谈《圣经》及基督教的知识，不谈信仰，因为我是无神论者，只阅读《圣经》，对宗教信仰无兴趣。

阅读与思考有密切关系，而阅读与思索也常带来名利——不管你喜不喜欢我这样说。读得越多，会不自觉的想得越多；下笔写则信手拈来，引经据典地写；而写得越多，越能帮助深刻理解别人书中含义或未竟之意。所以"阅读→思考→理解→写作→阅读"可以是个循环的过程。下面我们分开来讨论。

阅读的喜悦

"多读，多写，多思。"这是一句老生常谈的口号。你有这么大的兴趣吗？你办得到吗？有人在图书馆工作了一辈子，却并不喜欢读书。我还有个女学生长得漂亮，在大书店做了些年，不看书。我问她喜欢什么？“逛街嘛，喝咖啡嘛，看韩剧嘛……反正你知道我嘛，老师么！”我还真不知道哩，反正她娇嗔、迷人，没问题的。

然而，爱书的大有人在，喜阅读的也占很大比例。周教授告诉我他不能搬家，因为有两万本藏书。我估计一面墙上下六层书架大约摆一千本书，就算深书架能摆两排，也只有两千册。十面墙！一个教授不可能来个三百平方米的豪宅。我还没问他：你看得了那么多书吗？我还有个朋友马桶前靠墙有个小书柜，但据我所知，他并没有便秘的毛病。大学时一个姚姓同学的坐息时间规律：如厕、作习题、吃饭、复习课本、上课、去女生宿舍前站岗……都有定时。每日下午一点到一点半固定是看黄色小说半小时，所以外号叫“姚歪”（也就是姚不正），但四年下来看那么多歪书，我看花费不少。日本上班族在地铁上人手一书，看的是什么书？正书还是杂书？我看大概不敢众目睽睽下看“姚歪”那种歪书吧？

有关读书最出名的一篇散文是英国人培根（Francis Bacon）的《论读书》（*Of Study*）。开头即一言点破：“Studies serve for delight, for ornament and for ability.”（读书使人得到乐趣，足以装点门目，以及获得能力。）他继续说：“Their chief use for delight, is in privateness and retiring; for ornament, is in discourse; and for ability, is in the judgment and disposition of business.”（人在独处或归隐时，享受到读书的乐趣；与人交谈时，学问用来装裱门目；工作及作判断时，知识带来能力。）

一般说来，阅读有三种不同的种类：

（1）累积性知识：如数理化等科技类，要按部就班来，比如低阶数学未修习，就看不懂高阶数学。所以这种科技类书籍阅读时得仔细琢磨，不能囫囵吞枣，不能用速读法阅读。

（2）非累积性知识：如文史哲等非科技类，常可中间切入。在大学本科阶段读这类书籍，重要的是要有选择性，因为你没有那么多时间精力，甚至没有那么多兴趣。所以有些书浅尝辄止，有些大可囫囵吞枣，甚至读些摘要或介绍即可，但有少数需句句推敲。至于如何做选择，那是你的决定了。如非修课指定书籍，你向师长请教选读哪些课外书籍，常可节省你不少精力及避免碰壁。当然，这师长必须是聪明人，大学教授里蠢才及庸才相当少，但是平才也不少。

以上两类属“严肃阅读”，不只是增长知识，还会提升思索能力，启发智慧，犹如与智者交谈获益。严肃阅读初时可能艰辛痛苦，但爬上山巅得窥大千世界之美，享受辛苦后的乐趣。严肃阅读除你个人所属科系的有关知识外，还有专业之外，类属通识课程的知识。这些知识在职场上可能发挥相当大的作用。此外人们对知识丰富的人都会敬重。如果你是男生，那么女孩子一般都敬佩谈话有内容的男生。

（3）消遣性阅读：有必要，因为消遣嘛！总不能老是严肃阅读，那不把身子累坏了。武侠、八卦、歪书、言情、理发厅杂志、影歌星杂志……因为电子书、平板计算机，还有无线网络将逐渐发展取代笔记本电脑，阅读可以在床上、海滩上、公园里、餐馆里、游览车上进行。我们可预期消遣性书刊也将会由网站低廉或免费下载。如此，你不需去理发厅看杂志了。八卦杂志及歪书是鸦片，稍进少量可提神，多吃上瘾不至丧命，但人的层次会变低，念大学的目的是提升层次。

年轻人常以为书里写的都是对的，都是金玉良言，我看未必。其实许多是老生常谈，是似而非，是外强中干，或是“我的座右铭”那种励志八股。所以在阅读中要加入思考，要去比较、鉴别、分析，形成自己的见解，不是人云亦云。

我们不可能买很多书，像周教授那样：藏书两万本，十面墙。开架式图书馆是个重要的地方，目前各大学图书馆藏书多，开架或全开放给民众阅读。让我想起西方早有公共图书馆之设，日本则是1868年明治维新后数年，才由派往西方考察的“岩仓使节团”提出考察两年的总报告，建议学习西方设立公共大众图书馆及博物馆。中国的第一座公共图书馆是1929年才在上海由留美生成立的明复图书馆。目前发达国家大约每一万人有一座图书馆，中国台湾每四万人一座，中国大陆则高达每46万人一座。

但是，年轻人已开始看电子书，小学生有电子书包，图书馆也可能会开始没落或缩减，这是时势！

读书习惯的养成

台湾的人每年平均读两本书，中国大陆4.39本，远低于近邻日本的40本及韩国的接近10本。欧美国家的数字更高，犹太人是64本（也未免太高了）。我知道美国高中生被学校要求读许多书，甚至要学速读。我们的中学一般说来老师不强制要求读课外书，教科书应付过去就了结。读课外书反而是同学之间的谈论及传阅，而且多是好的高中才如此。如果是小说之类的文学书籍，可能只限于好的女子高中及初中。假使高中没有养成读课外书的习惯，我看大学才开始会有些困难。如何要求高中老师开列书单，强迫高中生阅读是个问题。阅读的范围不应该局限于与我国有关的书籍，因为我们的年轻人要提升国际观，要走向世界“领袖”之路。

因为读书有许多好处，要如何养成阅读习惯？简单的一句话，就是不停地锻炼、自律、有毅力，不喜欢也去做。为什么做不喜欢的事？因为对你有利。有一种说法每天例行做一件事，21天到30天就可养成习惯。另一说法是最少60天才能养成习惯。如果旅行或急事不得不中断，那就要补上。像姚歪那种每日午饭后半小时歪书，就是习惯的养成，像抽大烟一样，戒掉还不容易呢。

习惯养成常和环境有关。股神巴菲特（Warren Buffett）住在美国内陆不大的奥玛哈城（Omaha，Nebraska），该城生活宁静，社会和谐，他说：“我的生活就是阅读和思索。”有一种说法是“习惯决定性格，性格决定命运”，不常是学识、能力、社会关系决定成败，而是性格习惯。要成功就得坚持，因为聪明或有眼光的人太多了，谁也不输谁，能坚持到底（还有运气）才能成功——坚持其实就是一种习惯的养成。培养一种习惯开始时可能痛苦、挫折，逐渐就柳暗花明又一村了。我个人对理工没兴趣，但为出路、虚荣及建中传统考入成大工学院，硬着头皮念。那时台大下去就是成大，清华交大只有研究所。成大那时是德国系统，为了和台大竞争，理工学院大一时每周平均两次小考，弄得人仰马翻，但也因此养成成大理工科学生读书及应付考试的习惯。这种海军陆战队式的基础训练，令成大生以后在社会上名利双收比比皆是，多年成为企业界票选为最爱第一名，台大反而一直是第二。甚至台湾第一个诺贝尔奖得主丁肇中就是成大机械的，第二位李远哲是台大及清华的。台湾就这么两个，但另一位成大校友朱经武（曾任香港科技大学校长及台湾综合大学系统总校长）以超导体数度与诺贝尔奖擦身而过。这些人当年被成大逼迫，如今应有感激之心。

思考与阅读学习

罗丹（Auguste Rodin，1840—1917）是近代最伟大的雕塑艺术家。他最出名的一座雕像就是《沉思者》（The Thinker），比起他的《地狱门》（The Gates of Hell）及《吻》（The Kiss）两大杰作更要脍炙人口。《沉思者》最迷人的地方在哪里？一言以蔽之，就是他雕的是一个孤独的“沉思者”。

中外有许多与思考有关的名句，列举一二如下：

- “我思故我在”（I think therefore I am）——法国哲学家笛卡儿（Descartes，1596—1650）认为人的存在标志是思维。实际上以基督教观点，上帝创造万物，但依自己形象所创造的只有人类一项，所

The Kiss

The Thinker

The Gates of Hell

以人是万物之灵，有权利及义务管理万物。人与动物的四大区别：人是直立（Homo Erectus），甚至与人类基因最接近达94%的黑猩猩（chimpanzee）也还是四肢着地；人的手比动物要巧太多了，有猴子和狗能制手表和iPad吗？人类不像动物一样乱伦（inbreeding），所以是寿命高达80岁左右；人类的脑容积率大，所以复杂有思想（thinking），动物只有本能（instinct）。

- 苏格拉底（Socrates，470—399 B.C.）说："我思想，所以我快乐；我快乐，因为我思考。"
- 马克思（Karl Marx，1818—1883）说："思考一切。"所以他穷18年之精力写出《资本论》（*Das Kapital*）一书。一百年后，世界上有近三分之一的人口生活在共产主义架构之下。
- 子曰："学而不思则惘，思而不学则殆"（出自《论语·为政》）——只学习而不思索，将迷惘而无所得；只依凭空想，不去实地学习，那就得不到正确的学问。

所以，阅读学习要与思考结合！因为思考，才有牛顿的定律，李后主的词《虞美人》，米开朗琪罗的画《创世记》，尼采的"超人"学说，爱因斯坦的"狭义相对论"……甚至巴菲特的股票传奇，都是他们努力思索而领悟出的道理及战略。这些成功者都在年轻时养成思索及阅读的习惯，李政道（与杨振宁）推翻守恒定律（Conservation of Parity）得到诺贝尔物理奖时只有31岁。

自古以来，人类的基本活动有二：认识世界（阅读学习）及改造世界（思考）。思考令人们发明了文字、轮子、印刷术、飞机，也发明了热核武器及毒气。一般而言，正面思考（Positive Thinking）对健康、人际关系、投资，甚至加薪都有加分。但负面思考却与文学创作的美学相关，因为文学的美在于它的浪漫性、悲剧性及叛逆性。同样的，负面思考对艺术创作也会产生正面价值。我想你应该能够会意到这正负的意义。

基本说来，思考可由阅读而启发，也就是联想，这与创作、创新或学术有关。另外在一般事务或生活上，常要以思考以解决问题或改善现状。不是只有“有学问”、“读很多书”的人才思考。毛泽东、邓小平、蒋经国、郭台铭、林海音……这些大人物并无大学学位，他们不思考吗？如果只是本能反应，能达到那个位子吗？照片上看，毛泽东房间里都是书，是个很有创意的人。而蒋介石是日本陆军士官学校出身（日本无军官学校），生活规律、刻板、整洁，缺乏创意。

公认人类史上三大科学家是哥白尼、牛顿及达尔文，爱因斯坦并未列入前三甲。达尔文的进化论可说是最重要的一项科学创见，“物竞天择”的进化理论证据中，那些化石，观察都牵涉到上千万年的历史，请问，要如何在实验室里求证？所以只得用推论。他的求证方法及推论逻辑相当具有启发性，也是其他科学所重视学习的——这推论就是思考的产品。换一个角度，商场上及企业家的深思熟虑令他们宏图大展，腰缠万贯，那是靠运气或冒险得来的吗？或者，只靠努力打拼，能成大事吗？

毛泽东会见美国尼克松总统及基辛格国务卿，后面都是书。

坊间有许多有关思考方法及思考模式的书，你听过这些专有学术名词如“平行思考”、“垂直思考”、“批判思考”、“图像思考”、“分析、综合、抽象、概括”……其实思考不一定有固定的模式，每人心里都有一把尺。我综合一些个人经验及想法供你参考：

● 我要提醒你：思考后不可只偏重事情的价值，忽略事情可能造成的危险性——年轻人尤其如此。

● 有时要摆脱定型的常规思考，沿不同的途径，甚至站在人或事的对立面去想。最简单的一个例子是一辆大卡车遇到公路上陆桥标示比它装货低了3厘米，这时司机停在桥前，烦恼是回厂重装货减低4厘米，还是避开陆桥绕道25公里。旁边一个玩小皮球的小孩天真的说：“你把轮胎放一些气，就可以过去了。”

● 如果百思不解，就暂时搁置，等时机成熟，或以后有机会触发灵感。最后实在没办法只有“野渡无人舟自横”了。西谚说，“no solution is a solution”（不解决也是一种解决办法）。

● 善于思考的人会抓住时机，想出对付方式，他们遇到问题不会惊慌失措，沉着应战。许多学历不高的商人就有这本事，是天性如此（所以才适合经商），还是商场如战场把他们训练出来的？基本上，一个人在设定目标时，要先想到“为何”设定，比“如何”达成还重要。

● 所有的书都说要“理性”的思考，我看不一定，那要看你是哪一行了。如文学及艺术创作充满了浪漫及叛逆的色彩，也就是激情的感性，那就是“非理性”的思考了。

● 思考最大的敌人是复杂，因为复杂导致混乱，如果抽丝剥茧将思考简单化，就比较有趣及有效率。

- 思考与聪明有关，也与智慧有关——思考能产生智慧。阅读学习及思索后，如有所获，要如何付诸实现？我留下这个给你去思索，请你告诉我。

我写这篇文章时也在阅读与思索。

写作呈现

阅读与思考后，最重要的呈现方式应该是写作。写作有艺术性的文学创作与记载性的论述报告两大类。文学创作概分为小说、戏剧、诗、散文四大文体。文学写作永远以艺术性重于思想性，换言之，文字技巧的运用及情感的驾驭要比道德、哲理、宗教、伦理等思想内涵重要得多。这里我们不谈文学创作，因为题目太大，是个专题，要写一本书。

记载性的论述及报告包括学术论文、新闻报道及分析、公文报告等，以理性及知性为主，有别于文学的感性。这种文章文字要简洁，最好用第三人称以示客观。虽是论述文，但文字的节奏及韵律还是要重视。为什么？因为读者读起来顺畅，效果就不一样。此外报告文字每段不超过四个长句，平行引证不超过三个，否则焦点扩散，读者失掉阅读的兴趣与耐心。最重要的，要一针见血，切忌反复炒作同一主题——这和艺术性的文学创作真是不同啊。

我观察到的一件事：蓝领阶级的工人及野战部队的军人常不记笔记。你告诉他要做的事，他都记在心里。可能他们比较单纯，脑子里要记的事不多，也不会胡思乱想分神，所以听了就记住了。我年轻时在美国的公司任职，开会常不做笔记，也是记在心里。后来上级给我升职，说是注意到我开会及听上级交代事情时不记笔记，工作却无问题。为什么不记笔记是升职的考虑？我不知道，有些老美的习俗并不是很了解。我在野战部队服军官役带兵时，开会也常不记笔记。

最后我要说，许多人都认为作家应该写日记。我在1994年以小说得到台湾最高等级的国家文艺奖，但是不写日记。有人问为什么？因为怕人看到我的真面目啊！写了锁在保险箱里如何？万一锁的号码忘了呢？

第 7 章

职场规则及准备

High office, is like a pyramid: only two kinds of animals reach the summit —— reptiles and eagles.

——法国数学家及哲学家达朗贝尔

许多文章说做学生时快乐，入了职场就有许多苦恼及煎熬，职场如战场，失去了那份快乐。大概未必吧，起码我工作时比念书时快乐——我还从小就是优质生呢。我们在大学里竞争的是学业成绩及异性朋友，应该单纯而公平，小手段使不上，全靠实力及条件。毕业后入了职场，五花八门的职业，由政坛到赌场，由公务员到演员，由科学家到售货员……各显神通。22岁大学毕业到66岁退休有44年在职场上，是成功还是失败？是愉快或是痛苦？有人水深火热、度日如年，有人变成工作狂，赚了大钱的却不会花钱，为什么？因为他只对赚有兴趣，根本没兴趣花；有些胆小的人被征入野战部队带兵，竟在战场上培养出“杀人如麻”的精神；有些大学时清纯，多年后报上刊登他大贪污被收押；有人实在不上相，竟变成著名演员或歌手……这44年沧海桑田，变化还真不小。最后一个例子，我在美国工作时曾有过一个顶头上司恩尼斯特，温文尔雅，能力及学术都强。他告诉我小时家庭穷困破裂，几个孩子只好送给不同人家抚养，最后见到哥哥一面是小学毕业那年。三十年后有一天竟接到哥哥的电话，恩尼斯特问哥哥：“这些年你在哪里？”哥哥直接回答：“大部分的时间都在监狱里。”

大学文化与职场文化

大学基本上是个独立的社会，不是象牙塔，但自成体系，与外界互动有限。大学有围墙，有教职员及学生宿舍，有相当的自主性决定课程及方向。这个独立的社会与一般公司或公家机关不同，大学最重要的目的是教育及学术研究——研究的成果多不能市场化。而公司的目的是赚钱及生存，政府的目的是管理及服务人群，所以难以像大学一样隔离为独立的校园。大学生在大学文化中生活，毕业后进入职场文化，必须要作相当的调适，这两者最大的区别在“责任”。在学校你的责任只是要及格，那是为自己；在职场你要对公司或机关负责；在学校不上课没人管，职场上不上班就滚蛋；学校作业迟交没什么事，职场拖延进度“要砍头”；同时个人方面你要开始建立家庭，买车买房，要储备子女教育基金及满足妻子血拼，可能还要顾养年迈的父母。

大学教育常是理论性甚至抽象及象征性的，完全是个人化的学习。而职场重视与社会的互动，属分享性的学习，以解决真实问题或偶发事件为主。大学教育鼓励讨论，知识导向，也相当公平。但职场并不鼓励自由讨论，让员工大鸣大放，而是以公司利益为导向，也常常并不公平，所以刚入职场一定要接受某些不公平。在大学除必修课外，你可自由选课，时间弹性安排；但在职场上工作时间又回到如中学时的朝九晚五，不能迟到及缺席，也无寒暑假及春假。大学课程进度固定，职场工作进度就不一定了，任务也常交代得不清楚。在大学有教师教育你，职场上常是自己摸索，起码不会有成套、有组织的教导，“新员工培训”顶多几天，也只在大公司或大机关才有——所以，现在你要靠自己啦！美国及日本的公司及机关有导师制度，我们在后面的章节做特别介绍。

职场险恶吗

你总听到恶人先告状，做事留一手，贼喊捉贼，寡廉鲜耻抱大腿，代罪羔羊，老板是猪头（也是猪脑）……这些职场负面词句。我在职场那么多年，换过不同性质，不同地方，不同上司，不同文化及语言的工作不下七八个，却也不觉得职场是那么险恶可怕。如果一个人总是抱怨说他的工作多么不好，换了又换还是不好，他是多么倒霉，多么命苦，我看那就是他自己的问题。我认识的一个人从少年一路抱怨过来，最后外号就是“倒霉”。不解的是：“倒霉”已工作到快退休，升到主管，在台北昂贵的大安区及信义区有两处房子，听说外面还有个情妇——真是贼喊捉贼呀！

职场并不是那么可怕，也还是比大学要求多。现在写下应该注意的事项供你参考。

求职：

第一份工作学历很重要，也就是出身的学校，因为那是唯一评审依据，但成绩并不见得那么重要，反而在校社团及校外活动经验会被重视，因为这代表组织能力、领导能力。求职者的谈吐当然是衡量标准，因为这代表工作单位日后对外的沟通及形象。至于长相，对业务营销有影响，因为要“有人缘”，但坐办公室则长相不加分，然而美国IBM一个销售经理洋人却告诉我他注重求职新人的谈吐（遣词用字）及在校成绩两项。我当时奇怪技术销售（Technical Sale）与成绩何关？后来想想成绩好并不代表小聪明，是代表读书努力，所以工作上也会努力。

第一份工作常不是最后一份工作，尤其是为生活收入所迫，不得不先抓个工作做。但第一份工作常影响你一生要走的路，尤其随遇而安者，第一份工作如果还可以，也就待下去了，或在同一圈子里打转一辈子。然而不甘心的人相当多，据统计平均人一生换五份工作（共六份），超过太多会给人无常性的感觉。回顾我这一生至目前，打工不算，包括军官服役共五个工作。只有最后两个喜欢，还不是我的在校博硕学士工程训练。

工作数年后再求职，学历仅供参考，工作资历及这几年表现就重要多了。

试用期：

多为3~6个月，要求的是听话及学习（要学得快），不是创新。新鲜人要弄清楚主管对你的要求，不清楚又不敢问，闷头苦干，瞎子摸象，时间就这样浪费掉。试用期间对服务单位有不满或建议忍一忍，千万不要抢先发表，要去问问老手意见，因为你可能不明底细，或不了解公司有困难，甚至公司故意要这样做。顶头上司是三个月后决定你去留的人，千万别抢他风头，盖过他。新鲜人更不能参与评论公司人事问题及是非，这是主管最忌讳的。迟到早退当然要避免，如果不喜欢这家公司，最好不要早下结论，鬼混一阵子，因为换一家你可能更不对胃口。此外，年轻人容易嚣张自大，自大可在内心，不要露白……你并不知道有多少同事是深藏不露或胸怀大志的。

下面谈的是已正式被雇用，进入44年的奋斗人生！这种职场文化的书籍多如牛毛：《厚黑学与你》、《教战十八招》、《合作的重要》、《人生苦短鱼线长》……你买了也不会看完，实际上多数的书写得都重复性很高，缩短为五分之一就够了。现在我只挑一些重点谈谈。

合作：

“狮子和好老虎永远独来独往，只有狐狸和狗才成群结队。”

徐悲鸿在他的画室前有一副对联：上联“独持偏见”，下联“一意孤行”，横批“应勿庸议”。

少数被肯定认可的研发人员可以不用跟大家合作，独自开发，大家也不去打扰他。韩国三星集团的负责人曾说，这种人开发出的一个产品可以制造几万到十几万个工作机会。美国IBM公司曾发给每个员工一个小牌子摆在桌上眼前，上面只刻了一个字“Think”。

以上这些只说明了特例，在办公室或外场工作，合作都极其重

狮子和好老虎永远独来独往，只有狐狸和狗才成群结队。

要，公司需要合作的气氛，上级对你的考核，合作及情绪两项占分不少。因为合作大于个人的力量，也就是说1+1不等于2，而是大于2。即使大部分高科技的研发也都还是模块细分再组合，鲜有单独能挑大梁完成的——狮子老虎是被认可的极少数。至于如何合作，如何分工，那是门学问，聪明人常能筹划出好的合作方式。有说中国人一盘散沙，以后你升到主管位子，要如何凝聚部属合作？如果你不喜欢唱卡拉OK，又不喜欢打麻将，你要怎么办？同事之交应该是淡如水，还是甘若醴？如果上级喜好大家常聚在一起，下了班还是要聚，你对“成群结队”没兴趣，该怎么办？有些人就是喜欢“哥儿们”这个调调儿，不一起出去聚就是不合群，不上道，我看未必吧。工作上的合作，同甘共苦，与私生活上的搅拌大可分开，适可而止。

顶头上司：

所谓的职场伦理也就是上与下，与同事之间的交际互动。你与你的顶头上司之间关系最密切，你的升职加薪及被处罚裁员都操控在他手里，他把第一关。与上级冲突吃亏一定大，就算是上级错，你还是吃亏。因为上上级多半是站在你上级那一边，这不是官官相护，而是他们之间交往多，有交情。许多时候你得忍气吞声，有时候你可采取申诉甚至法律行动，但是你要衡量胜算有多大，值不值得。遇到生性阴险的上司，最后一条路就是另外找工作。我在美工作时曾遇到不景气大裁员，一位老兄被裁，竟写电子邮件给上级：“If I go, I will take you with me.”这种威胁气话可以吃官司，或以后求职谁敢雇你？这人才40多岁，相貌及平时情绪态度都不错，我不知他下落如何。

老板的秘书及助理掌握许多关键讯息以及八卦，你不能小看她们。另外一种人你可考虑结交的是人事处的职员，他们知道哪些主管走红，哪些部门预算被砍，将改组、裁撤，但大策略与人事单位无关，它只是执行单位。

跟对了人，他走红升上去，你也可能被带上去。位子越高，政治越多，打听清楚谁是被看好的明日之星，你不要只骑在一匹死马上。同时打听公司的战略目标，想办法参与，积极表现，主动扛起责任，如此上级对你刮目相看。

工作场合：

如今计算机及通信设备发达，美国有近三分之一的白领阶级在家工作，大都会区更多，因为交通拥挤之故。计算机及科技工作者在家工作比率最高，省时又省力，许多老年职工也可因此延迟退休，但是低收入及低学历者还是多要去公司上班。弹性工作在美已实行二十年，我在旧金山湾区最后四年就是一周有三天在家穿着睡衣工作，买菜、洗衣、吸尘、扫院子都是我干的，因为妻子去上班了。中日韩目前还不流行在家上班方式——我看这倒是个很好的硕士论文题目。在家上班与同事交往少，国人本来就喜欢传小道消息，这样可避免不少流言及谣言。以后我看我国也会走上这条路。

迟到早退究竟对工作成效影响多少？也许没什么影响，但这是规矩，就得遵守。有些美国高科技研发公司老板及员工都穿牛仔裤球鞋，上下班不定时。因为他们重视的是新发明、新产品能海捞一笔，谁还在乎你在家里、公司、星巴克还是海滩上工作？实际上统计告诉我们办公室工作效率平均只有30%，70%是聊天、喝茶、胡思乱想。说不定在自己选择的地点工作，效率还高一些。

办公室春秋：

以下列举数点应了解及注意的事项：

● 办公室恋爱？不管已婚未婚都会影响工作及办公室气氛。好的兔子不吃窝边草，但爱情来时又如何能阻挡？这种感情的事没有准则，你要衡量得失，因为在某些情况及限制下，办公室爱情不被赞同。

● 拿这么多薪水就做这么多事？未必吧，多做一些伤不了自己多少，不要斤斤计较。尤其私人中小型公司，要先有表现、有贡献，才会被考虑升职加薪。你的"北大、清华、复旦"好学历只在求职时有用，以后靠实力及表现。一般人常想到："公司为我做了什么？"会升上去的则想到："我为公司贡献了什么？"

● 办公室不追求真理及公平，而是追求竞争、效率、赚钱（公职是业绩）。你一进职场就要培养这种观念。

● 不要向同事借钱，不搬弄是非，少吹嘘自己的家庭成员。

● 少许称赞同事、上司、下属，称赞太多就是拿肉麻当有趣，适得其反。还有为上台表演的同事鼓掌。

● 有些人喜欢及擅于玩办公室政治，但夜路走多了，早晚遇到鬼。诚实及信用极其重要，给人狡猾的印象最糟糕。什么事瞒不过别人的。老美常说："There is no corporate secret."（公司里没有秘密）

● 职场上当然有小人，但能发生作用的小人并不多。至今我只遇到一个，刚到美国留学在一家意大利餐馆打工，收盘子残羹。领班

办公室恋爱？

文武官员在此下马

的是个中南美来的小人，欺负我这个新手，没多久冲突发生，经理只因我先动手就即刻开除我。我出门时告诉中南美那厮：“我会回来看你！”其实我是为筹学费打辛苦工，不可能回来找他，这样说只是要他晚上睡不着觉，因为他明我暗。基本上，我们在职场上对人要容忍、赞扬、尊重、接纳。因为由22岁到66岁，年轻时大家差异少，以后什么样的人都跑出来了。

● “文武官员在此下马？”一般说来办公室还是个比较保守的场合，所以喧哗、奇装异服、争吵、迟到早退都不太被接受，但是言语轻松幽默反而加分。

● 我国有许多外资公司及科技业公司，完全在国际舞台上奋斗，不太受政府影响，更甭提地方派系了，但做内销的外商要看政府脸色。内销传统产业要做标案，所以和地方、政府有些关系，甚至得靠修改法规得利。你应有这种认识及了解。

我还要说些什么

我国外销市场大，所以与外国接触多，外商公司也不少。基本上，东方国家用自己国人，欧洲国家用自己国人或欧洲人，美国则用全世界各国人。因为美国就是一个移民国家，人种的大熔炉，连黑人都能当选总统。所以你如留学欧洲或日本，学成想留下就业，心里要有个底，否则就去开餐馆。

我前面说不必有较详细的生涯规划，但远程目标最好有，否则容易满足现状。年轻时压力越大越好，对未来越有利。公家机关与私人公司不同，大公司又与小公司不同。不管哪一种，你不应有上了贼船的抱怨，因为抱怨无济于事。但你应该保持对外联系，也就是建立人脉及信息，比如参加同业的聚会，这样做是为了准备哪一天换工作，不必局限于哪一家公司、哪一个城市，也不必怕被裁员。所谓“此处不留爷，自有留爷处，处处不留爷，爷去当八路”。你说是不是？

在职场金字塔上，能达到顶端的有两种类型：一种是辛辛苦苦，一步一脚印爬上去的爬虫类，一种是“空降部队”的鹰类。因为是高位，哪一种类型适任并无定夺，要考虑的因素因时机、关联、未来发展、人脉……而异，常不是中下层能看到的。

第 8 章 你要考公务员吗

民为贵，社稷次之，君为轻。

——《孟子·尽心篇下》

网络上一条消息：

有个台湾的大学硕士，念的是哲学，找不到事。应征动物园的管理员，硕士做这工作不可能满意，但总比在家里啃父母的粮要强些。

一天，园里的猴子集体腹泻，都被送去兽医院。园长吩咐这硕士："今天动物园里没有猴子成什么话！喏，这儿有件猴子的假皮毛，就要委屈一下啰，如果你不愿意，就只好请你走路啦！"

硕士很不甘心，但为了五斗米只得折腰，装猴子逗小朋友开心。正努力工作时，一只狮子向他走来，他不可能像猴子一样快爬上树，吓得尿都出来了。狮子走到他身旁时，忽然说："同学，你不要害怕，我是中正大学数学系毕业的。”后面树丛传出一个声音：“我是淡江国贸系的。”另一个声音说：“呜呜呜，私立大学的只能扮作植物……你们现在脚下的草皮就是中原大学心理系扮的。”

第二条消息：北京有些“准丈母娘”郑重训示要她们的女儿非公务员不嫁。

第三件事，我当年在台湾的野战部队轻装师服少尉预备军官役，这种部队知识水平奇低，就是在战场上厮杀的那一种。有兵有官，当兵的常抱怨军官们军饷高，又整天命令他们出操做工。集合晚点名时，副连长用山东腔训话：“你们老说当官的舒服，钱又拿得多。告诉你，俺白天和你们一齐出操，晚饭后你们可以洗澡，上福利社，喝汽水聊天，俺们还得开会检讨，计划明天，弄到很晚，比你们累得多了。”想想，又加上一句：“你们，哼哼，不生孩子就不知道屄疼。”这些话浅显易懂，比喻也符合兵的水平。

这三个举例分别说明公务人员可以是蓝领、白领或军人。我们常说“老百姓”及“当官的”，那是一种对立的区别，真有如此严重的区分吗？当官的真是作威作福，有那么大的权威吗？当官的说穿了就是公务员，或者说是人民的公仆。本文讨论的基本上是指到各级政府去工作，不包括国企及军职。

各国的公务员

让我们先来看看各国及中国台湾、香港地区公务员的处境，以及他们的大学生进入政府工作的意愿。

1. 英国：西方的公务员制度实际上多沿用英国的文官制度，因为英国曾是“日不落国”，它建立的许多制度都被东西方借鉴。英国是西方最早实行公务员制度的国家，通常以1870年6月英政府颁布的文官制度为标志。英国素有“接受过优良高等教育的人更适合担任领导”的传统观念，公务员的选拔任用，都是经过公开考试。考选标准注重一般的教育程度和基础知识，认为国家公务员需要广泛的知识和综合能力、应变能力和处理人际关系的能力。在人才选拔中，注重选拔对象的教育程度、文学素养、掌握知识的多少，以及综合、推理和判断能力，强调个人学历，故公务员录取者多为剑桥、牛津等名牌综合性大学的优秀毕业生。

2. 美国：基本上美国公务员多需经考试任用，不是靠关系挤进地方政府（包括郡县、市镇及州政府）或联邦政府，但安全情报单位及军方除外。美国公务员薪水不算高，也不算低，职位稳定，但医疗、保险、退休等福利丰厚，过个体面生活应无问题。另外隐私权不彰，不管大官小官，个人薪资年金上网即可查得。据联邦审计部统计，美国只有3%的大学生表示想做公务员。许多政府职位高中毕业即可，但升级到某一阶段就到头，再上去得通过高等考试取得技师执照，以等同学士学位雇用。例如工程单位的绘图员或技术员（Technician）就得考取土木技师执照，才能升级为工程师。美国公务员多可弹性工作，也就是每周有数日可在家以计算机、电话及视频上班。

3. 日本：日本公务员薪资本来高到与私人大企业薪资不相上下，但2011年大地震海啸，引起福岛核能电厂辐射问题，政府为了筹措灾后重建资金，削减公务员薪酬。他们工作辛苦，经常加班加点，收入却下滑。修我课的一个日本学生近日告诉我，现在颇有些公务员希望进入私人株式会社（公司）就职。

4. 韩国：公务员被称为“神的职业”。为了进入“神的职业”，不少学子在补习班或“考试村”花费数年准备低阶公务员考试。调查显示，超过30%韩国年轻人想当公务员。进入后收入、工作环境、社会地位、退休福利都好，是各领域菁英欲求之职。

5. 新加坡：盛传新加坡公务员高薪，还有工作奖励的花红（Bonus），但是高薪的背后就是纪律严格、廉洁无贪腐，还有高工作效率，像私人企业一样努力拼考绩。只有这样像私人企业的待遇，才能构成高素质、高工作效率菁英治国的政府。不要忘记：新加坡的国民所得还略高于美国，它是唯一一个人平均收入超过美国的亚洲国家。比较上，新加坡总理的年薪是240万美元，是美国总统年薪40万美元的6倍。在全球清廉印象指数（英语：Corruption Perceptions Index，缩写：CPI）方面，新加坡排名全球第七，超过中国香港地区（15）、日本（20）、中国台湾地区（31）及中国大陆（与印度并列79），是亚洲最清廉国家。

6. 印度：印度的公务员考试每年一次，数十万人报名，录取率是千分之一，被称为“世界上最难的考试”。在一个穷困保守的国家，能考上公务员当然是很荣耀的成就。

7. 香港地区：在“一国两制”下，香港政府还是因袭英国留下的文官制度。因为稳定、高薪、福利及退休制度完备，“公考热”在香港也有同样的潮流！据报道，2016年度香港特区政府招聘约1.2万名公务员，共接获78万余份申请，平均每个“政府工”职位有65个符合资格的申请。香港的公务员操守很好，又有“廉政公署”在后督导，所以贪污极少，根据瑞士洛桑国际管理发展学院发表的《2016年世界竞争力年报》，香港再次获评选为全球最具竞争力的第一名，其中“政府效率”评估因素也列全球第一。

8. 台湾地区：台湾的公务员包括军职及竞选出来的“立法委员”、公立学校教职员，总人数约60万人，台湾人口是2300万人。工作人口（学生除外）大约是1290万。和中国大陆一样，台湾地区的大学生极热衷于报考公务员工作。原因与大陆相同。

中国的公务员考试

隋唐朝代即设吏、兵两部选拔文官及武官，是世界上最早设立考试制度录取公职人员的。之前是按伦常、血缘世袭选择，另有“客卿”、“食客”等制度以外的人才，为各级衙门或君主服务。之后，在隋朝建立科举制度以开科取士，也就是“学而优则仕”。科举制度英文是Imperial Examination System，望文生义可知是殿试。到了清朝，康熙帝已意识到科举考试中的八股文“空疏无用，实于政事无涉”。清末，与他国战争一再失利，暴露了科举制度的无用及过时。1905年9月，终于经袁世凯奏请，慈禧太后以光绪帝的名义发布上谕明告：“自丙午科为始，所有乡会试一律停止。各省岁科考试，亦即停止。”自此延续千年的科举制度正式宣告废除。

如今，2016年有190余万人报考国家公务员考试（“中国第一考”），最热岗位竞争比高达2847：1。以公务员工作稳定，待遇中上，的确是一条明路。那么，“国考”是否今日的科举考试呢？我认为“国考”是针对各科所做的知识性考试，当然不同于科举八股。

公务员和企业员工的区别

职场略分为自行创业（包括与人合伙）及受雇领薪两种。薪水阶级又粗分为任职私人公司（private sector）及公家机关（public sector）两种。你要进入哪一种得看个性、喜好、志向、适应性及抗压能力而定，还有个人环境及运气也是重要因素。一般说来，自行创业要在为人工作一阵子后，有了经验，历练及社会关系才跳出来。但也有人一直在正薪之外兼差，或进行房地产股票买卖，以增加收入，这些都可考虑。举例来说，埃及作家马富兹（Naguib Mahfouz，1911—2006）终生供职政府机关，工作压力不大，业余写了34本长篇小说，350短篇，还有17部戏剧及电影脚本，为埃及赢得唯一的诺贝尔文学奖。

至于入政府机构或私人公司得失如何？大家都很清楚，这里不浪费篇幅。只是刚毕业最好入私人企业磨炼几年，增加经验，再考虑下一步。你们都听说过在马云或郭台铭的公司里混过几年，别的公司一定会要你。如今反腐及党员干部作风建设也抓得很严，那种在公家机关喝茶、看报、聊天、玩网络、打毛线的情况已不太可能，甚至还有裁员逼退的事。但无论如何，在公职及大型私人企业工作还是比中小企业要轻松，这些你自己衡量。但是，也没有必要现在就厘定人生规划，以后就一定是这样走。以后44年职场岁月变化可以很大，许多不是你能控制的。还有，你只有20年左右的生命经验，你知道多少，能作此44年的生涯规划吗？

一般说来，公家机关里的人际关系要和睦许多，因为薪水结构公开固定，上下差得有限，裁员几率小，也没有公司赚不赚钱分红的问题，而私人公司红利及股票可以比年薪高几倍。许多人选择稳定和洽的公家机关或公营企业，但是我要提醒你，如果后来想转私人公司，基本上不容易获得面谈机会，在审核履历表时就被搁置。

由公务员说到政治

孙中山给政治下的定义："政治是管理众人之事"，毛泽东的"老三篇"之一是《为人民服务》。众人之事由各级政府管理，公务员为各级政府做事，为人民服务，所以就是政治。但是公务员也可以与政治无关，比如他是个技术官，不与人民接触。如果工作上很少与人接触，那也就没什么政治可言了。无论如何，以下我们谈谈政治。我在中国台湾及美国生活，免不了由中国台湾及美国的角度来看政治。这样也好，告诉你那个不同的角度，与你自己的观点做比较。

西方民主政治靠选举，所以两种政治特质随之而来：一个是在政客之间利益交换的"商业性"，另一个是选民狂热信仰的"宗教性"。政客高呼的口号是喊给选民听的，其实他们自己根本不信，随时转变。如果说"商人无祖国"，那政客亦无祖国，利之所在，吾往矣！这种变来变去的人，容易出卖朋友。年轻人千万不要做愚民，效愚忠，跟着政客喊，跟在后面走，因为万一他们转身调头回走，会撞个正着。

每个人都有政治家（statesman）及政客（politician）的双重人格，区别在比例分配多寡。政治家为群众着想，有远见、有担当，遇危机时挺身而出。政客为自己的利益着想，狡猾、说谎，甚至出卖朋友。然而，有政治伎俩的政客常会取胜，或击败政治家，这是因为多数人警觉心及判断力不足。

因为人总是人，有抱负的政治家会不会腐化为政客？而政客又可不可能升华为政治家？我看前者有可能，后一种相当少见。这又涉及荀子的性恶说及孟子的性善说了。

说到搞钱，政客可有两途：赤裸裸地贪污或收贿，被逮到的几率不小，比如行贿者反目成仇检举或密报；另一个是利用权位获取讯息做商业投资，比如家人职业列为“自耕农”，以便购买将开发为市区建地的农地谋大利——这在西方国家就是犯罪，要吃官司，但在中国台湾地区是可行的。

基本说来，政治家是领袖（leader），不是经理（Manager）。因为领袖对人，要负责一群人的未来；经理对事，只要完成上级交代的任务即可。作为领袖，要处理那么多人的事，不可能事事躬亲，用人是大学问。用得好，大家轻松；不善用人，大家累死。基本上，人分五种：蠢才、庸才、奴才、平才及人才。每种都有用，比如蠢才可派给要弄掉的人，以迟缓他的进度；庸才可付予小事，以示大众人人有工作；奴才可用做反面教材及推动新项目的示范——如此人人有参与感。

美国政治单纯

在一个像美国这样的资本主义民主国家，许多重大政策实际上不是总统的决定，而是与大企业的利益息息相关。换言之，总统对外发动战争，对内铺出新的社会经济政策，都要符合大公司的利益。因为美国的超级企业都已全球国际化，不再是私人家族拥有，股票已全民化，所以大企业的利益也就是全民的利益。

一般说来，美国青年的政治狂热度低，全民投票率也不高，甚至鼓励通讯投票以谋选民方便，投票率还是不高。原因是民主党及共和党这两大党基本上大同小异，都拥护资本主义，都以美国为荣，都尊重民主、自由及人权，所以选哪一党都差不多。两党都没有党员证，也没有党小组。许多人会告诉你：“我今年大概是会投民主党的票，下一次……下一次不一定。”换了执政党基本上政府如常，官员照旧，政策也不变。

官员下台是因为到了退休年龄，不是因为换了老板。大官下了台就是轻松的老百姓，毫无门前车马稀的感觉。在台上官商勾结谋利的案件极少。行贿？美国商人没有向政府官员行贿的习惯。美国官员也不会作威作福，尽量为民方便。美国大学生示威游行多是为了自身的生命安全考虑，不是反对政府对内的行政措施。所以游行是为了反越战、反阿富汗战争、反伊拉克战争，希望不会被抽去当兵打仗。

你适合当公务员吗

有个学弟是杰出医生，他对我们说：“那些念书时远比不上我们的，现在反而在我们上面了。”我不同意他的话，想反问他：“那你为什么不去从政啊？”实际上，政治人物并不好做。美国及中国台湾地区投票选出的领导者都是律师出身，他们的训练就是要打赢官司，所以也要不顾一切先打赢选战再说。

然而，中国最近20年的三任国家主席江泽民（电机工程）、胡锦涛（水利工程）、习近平（化学工程）都是工程师出身，而且胡锦涛那一任十名集体领导者，竟是清一色工程师出身。这些人上台12年，把大陆推进到一个经济及军事都是全世界第二的地位。为什么有如此成就？因为工程师的三大特色就是脚踏实地、负责任以及解决问题，不是那种耍嘴皮子的。此外他们不需要靠选票得到位子，所以努力的方向是国家社会而非个人。也因为他们从事实际工程建设多年，很清楚国家社会需要的是什么。这些人还有一个特色：多对文学有某种程度的爱好。因为政治牵涉到人，所以政治人物应该有人文的气质及喜好，这对人际交往一定有利。你如以后有意从政，或从事企业管理领导工作，现在就应该培养多方面的兴趣，多参加课外活动，不能只顾专业领域的钻研。多元化兴趣的培养要从年轻时就开始，以后年纪越大，越难学新东西。

对政治有兴趣也是首要条件，沟通技巧及处理人际关系更是重要。政治或企业领导日理万机，不同状况随时发生，所以知人善用、分层负责可产生高效率。我父亲是个和蔼内向的人，我观察他多年做台湾《国语日报》社长及发行人做得轻松，声望高，受人爱戴，就是他知人善用，工作都分下去了，风头和好处也都分下去了。此外聪明也是从政的基本条件，因为带头的人常要在短时间内，了解不同及复杂的新事务，不够聪明就卡在那里。情绪化的人不适合从政或带头，冷静及理性分析的能力当然对从政有利，但也要有感性的表达能力，才能说服跟随者。再有：演说煽动要比文字宣传有效得多。如使用文字宣传，一定要简短明了，因为大多数的人都没那么复杂，冗长的政治说教令人厌烦不耐。

终曲

小学时作文《我的志愿》，我立志要做一个政治家，初中的志愿是什么我忘记了，高中时的志愿是要做科学家或工程师。现在我已逐渐老去，又想到为何没去从政。你看看我写的，你适合从政吗？如果没走这条路，你会后悔吗？还是，你将庆幸没走那条路？

曾在埃及尼罗河畔看到石碑上雕着一行字：“我就是一切——过去、现在及未来。”社会发展至今，公务员、政治家、政客哪种人还适合这句话，你告诉我？为什么？

第 9 章

如何规划以后的职业道路？听职场导师的

In learning you will teach, and in teaching you will learn.

——英国摇滚歌星菲尔·科林斯（Phil Collins）

这篇文章介绍一种通行于美国职场的“导师制度”（Mentor System）。

我国一些由美归国者创立的公司有类似的师徒制度，但只限于纯工作上的经验传授，常由经理或主管担任老师，师徒之间存在的是正式的、工作上的关系，也就是只与现有工作相关，不涉及被指导者未来事业发展或生涯规划。而且师徒制是针对职场新人的短期指导，完全是公司里的机能性质（functional）。

但导师制度是关系性质（relational）的，着重在被指导者的未来长期发展，有职业上的指导，也可包括私人生活上的指导。我个人在美国工作多年，曾经过此一过程，认为有必要介绍到国内，期望国内业界能学习及建立这种导师制度，对公司有利，对被指导者有利，对导师也有利，三赢。

导师制度盛行美国

我们在学校有导师，一个导师要对付全班学生，甚至多到近60人，能得到的照顾及指导有限。到了社会，连这个照顾60人的导师都不见了，总以为你已成人，还要什么导师？但是，为什么美国的公私企业还要建立职场上的导师制度？为什么这在中国很少进行？

一般说来，今日的职场与以往有差别：因为女性雇员大量增加，“家庭主妇”这种名词已过时；再下去台湾人、香港人、东南亚华侨说不定也和我们混在一起，或者我们和他们混在一起，还有自动化在办公室越来越多，政治上的民主自由也会影响到办公室运作及气氛，再加上民营化、私有化及全球化的冲击。在这些变化下，办公室文化必然跟着改变，员工的效忠性、服从性甚至礼仪都与传统有异。用人单位要雇人、留人、训练及培养员工，应该考虑对员工实施导师制度。

希腊的雅典学院已有导师制

巴菲特与比尔·盖茨——谁是谁的导师？

西方文化及文学的两大根源就是古希腊文化及基督教义。导师（Mentor）一词本是人名，出现在古希腊盲诗人荷马（Homer，约公元前八或九世纪人）的史诗《奥德赛》（*The Odyssey*）中。木马屠城计的设计者奥德修斯在出征前将儿子托付老友Mentor教养。后来这个人的名字演变为“导师”一词。

“导师制度”1970年代开始在美国的职场盛行。如今前500强公司中有70%设置正式的导师制度，250人以下的中型企业不少也设此制度。至于50人以下的小型企业就不一定有能力及需要建立了。此外导师制度多在办公室白领阶级实施，不延及蓝领工人阶级。但有人认为要培养工头，也应有导师制。我举双手赞成此一说法，因为许多技术工人或从业员后来变成公司单位的骨干，也有许多秘书后来自修升上去。

日本公司有所谓不成文的“前辈”（せんぱい）。前辈是表现优秀的员工，为新进职员解答疑难。主要是希望新人学习好的榜样，避免年轻人因受不了工作压力，很快辞职。于是与工作及人生的“心灵导师”前辈共进晚餐，或在居酒屋倾吐心事，甚至私人生活如感情问题、未来规划，都是咨询要点。对于极度重视团队合作的日本公司，“前辈”能够更紧密地维系年轻新进，加强他们的工作向心力，无形中降低了职场的流动率，所以日本公司常是一进去就工作一辈子。

导师制三赢

导师基本上是向学生讲解公私企业单位（以下以“企业”为公私两者统称）的文化、历史、成就及未来，还有指导工作上的需要；也倾听学生的意见、困难及期望。导师常是资深及位阶较高的主管，如此新进员工在茫然里有人指导，心中踏实许多，不但减少撞墙的几率，也感觉自己是大家庭的一分子，希望随单位成长，跳槽的几率大大降低。美国有统计新人大多准备只留两年。

对企业来说，导师制度取代某些为新鲜人设计的培训和教育，辅导他们尽快“进入状况”，节省不少时间精力，也留得住人。同时这制度常是不同部门的人担任导师，如此有助于打破各部门各自为政的保守心态。

导师为单位教育及指引学生，自己也有好处。他为了教育学生，必须对单位更深入了解。如果指导出色，有了口碑，这笔账挂在他簿子上，也会影响他的升迁。此外，对许多人来说，为人师是一种愉快，一种成就感。想想，你现在指导的年轻人有一天成为总经理、董事长、首长或有出色成就，你会得意扬扬地说：“我是他出道时的导师！”

正式及非正式导师

导师制有正式（formal）及非正式（informal）两种，还有在线导师（e-mentoring）。在线导师这里不谈，各位可上网去查看。

“正式导师”是由企业指派导师给员工，被选择的员工应是单位认为以后可能成为经理或干部，或其他特殊功能的新进人员。这种指派有特殊目的（value-oriented），不是一般兼具交谊性质的“非正式导师”。正式导师制有进度，有导师及学生的双方的选取及培训，当然也有成果评估，甚至发结业证书。作为正式导师要申请、核准及培训，培训的内容不但与单位文化有关，也与企业利益相关。有些未被选中的新进人员主动要求进入此一制度，这表示此人有意待下去，或想爬上去，这时单位应考虑增加他进来。

我曾在35岁时被雇入美国联邦政府担任项目大地工程经理的纯

技术性工作，做了很多年，从来不知道有导师制这种玩意儿。很明显因为我是外国来的，语言及文化都还不上道，所以不可能被考虑以后成为核心干部——这是做美国官儿啊！后来知道了有这么回事，要求副局长担任我的导师，每个月吃一次中午饭，他告诉我缺乏哪两种主流训练，一些重要人员的个性及喜好，单位未来走向对我职位的影响等。后来，这位比我还小两岁、来自保守的中西部的副局长说："我反倒觉得你很适合做一个生涯规划或一般生活的导师，因为你反应快，分析力强，见识广，也乐为人师。但你不适合做工作上的导师，因为你对自己的工作并没有多大兴趣，你不愿离开旧金山湾区，你也不想往上爬升。"我问他："那你为什么答应做我导师？"他回答："因为当初我不知道，只觉得你不一样，交往后才看出你来。"然后他又问我："你为什么要找我做导师？"我回答："我只是好奇，在台湾没听说过这个。"

如果单位没有正式导师制度，"非正式导师"可能出现。这时单位可能做一些协助，比如信息的供给或物质报酬等，也可能无兴趣或不鼓励。这些"非官方"导师是新进人员自己去找的，目的是希望有经验及位阶的同事指导他们。指导的范围可以超出工作及单位内情，甚至可以包括生活：比如与父母不合，与配偶常吵架，个人有嫉妒心强、太小气、斤斤计较等缺点……也可包括往后生涯规划。此导师可能劝你换公司，因为这公司不适合你，或你的大才不适合这公司——如果是正式导师，那可不能随便说这种话，像免疫系统失调一样自己攻自己。这种导师亦师亦友，而学生也可能邀请不只一个导师，每个导师指导方向不同。

非正式导师可能是下上关系，而不是上下关系。通用电气公司

（General Electric）的总裁有次在海外遇到另一保险公司的总裁对他说：我在计算机上的导师是个手下年轻人，每周教我两三个钟点。位高权重、年薪可能数百万美元的老总用了“mentor”这个词。实际上，这个年轻手下可能不只教导他如何用计算机，甚至可以建议他公司信息系统如何改善。于是GE的总裁回去后也推出了e-计划，多名基层年轻员工作为导师，指导近千名经理在IT及互联网方面的操作，如此建立了GE庞大的网上数据库共享。可见只要工作上有需求，由下至上逆向的导师制也可产生。

非正式导师既是朋友，又是顾问，可来自企业内部，也可以是外人。他们和学生之间强调个性上的配合，因为非正式导师是以“人”为本，提升学生的自信及工作表现，也启发他们的创意及思考，除了期待对企业作出贡献，也辅导他们谋求个人发展及社会适应，不像正式导师一定是企业利益取向。

导师的性别

职场上的规范、生涯规划、典范常是依男性的情况发展设计，因为以前男主外，女主内。如今职场上女性人数直逼男性，所以这些职场习俗已不适用。但是萧规曹随，要大幅度改进谈何容易，人的心态更是难以掌握及修正。在美国男性担任导师要比女性多很多，只是女性员工找个女性导师可能讲话及泄密（或泄恨）更方便。所以企业在选择导师时，必须要考虑到女性员工寻求导师的方便。女性要在工作及家庭上取得平衡，那种双重角色的困难及冲突常不是男性导师所能体会的。

导师与学生在互动一些日子后，可能学生已成长及成熟许多，导师不再能指导什么，于是双方终止这种关系，也许变成终生友人。甚至，学生已升级到比导师职级还高。如此，学生必须要找更高一层的导师。

在中国能上演吗

导师制并非只针对新员工，而是所有员工都要求发展，这和东方企业的“学徒”制不同。学徒制里的“师傅”是老员工，最后把新员工塑造成老员工，好坏全收。

什么人需要导师？基本上对事业前途有雄心，接受挑战，对个人发展及适应生活有兴趣，乐意接受别人响应，都会受益于导师的辅导。学生要主动去接触导师，而不是坐在那儿等导师来找你，没人找你也不必觉得“怀才不遇”。

什么样的学生能被导师注意？而什么样的导师又会被学生注意到？关键是“彼此是否看中对方的素质，而产生兴趣”。真是一语道破！匹配良好的导师与学生关系可以维持良久，甚至后来学生成熟了，开始指导老师了！

什么人可以成为好的导师？那是对为人师有发自内心的兴趣，有沟通技巧，愿聆听对方，愿与人分享，善于启发，有耐性——但我认为这一切都归功于两个字：聪明。换言之，聪明的人容易变成好的导师。为什么？因为他聪明。

国人讲究的是关系，并不像西方人那样就事论事，有些西方职场好的习俗尚未引进国内，导师制度就是其中一项。这本书会有些大公司企业负责人或政府领导读到，不可能只有大学生看。我希望这些负责人能在公私企业建立此一机制。对于各位同学，我建议你在进入职场后，持此文向服务单位建议成立导师制。或者，在你注意到或听到某位资深同事可以是个优秀的指导者后，持此文走向他，问他对本文的看法——你会得到答案。

第10章 职场社会的男女关系

In the image of God created he him; male and female created he them.

——《旧约·创世记》

先举两个例子：

为照顾年迈父母，我与妻子分居台北及旧金山两地有年。每逢暑假赴美见面，我在美国时每天为她准备早餐及晚餐，清理房内及园院，总揽一切家事，因为她要上班，我在家孵豆芽。

我在美国的保险经纪人有一年搬去纽约州，他说他妻子被雇为银行分行总经理，所以他卖掉保险事务所，不工作，在家照顾一个小学生及一个幼儿园生，就是名副其实的“家庭主夫”。他认为这样子很好，因为妻子比他做保险要赚得多很多。

进化论中的男女构造

女性常用以柔克刚进入公司领导的位置

有些女权运动者认为男人和女人在为人、处世、心态、生活……各方面都应同格——实际上不可能，因为男女在人类进化的过程就因环境及“处境”而有别，又何况生理构造及脑神经系统也不同。近年美国国家科学院的学报公布最新脑研究，发现男子在前脑及后脑之间的脑神经联结要比女子多，而且左脑及右脑各自之内的神经联结也比女子多。这说明了男子对工作任务的领悟及协调较佳，对完成单一工作很适应，男子也倾向于快速的动作及决策。而女子左、右大脑之间的神经联结较多，所以在沟通、直觉、注意力、记得别人面貌方面较强，擅于合群工作，也会将情感注入她的决定。

基本上两性的外形、体能、器官、知觉及感官都不同，比如女子的嗅觉、味觉、触觉及对高音的听觉都比男子强，女孩也早学会说话，学习舞蹈女子比男子几乎要快10倍，学唱歌也要快好几倍。但男子的空间感、距离感及视觉敏锐度都比女子强——你去注意一下周遭的男女是不是如我以上所说的那样。

在性格方面，男孩较为独立，攻击性强，女孩较被动、依赖、柔顺及照顾幼小。这些对比的性格是先天（生物性）的，还是后天（社会性）的，至今无明确研究结果，只是推测及统计。也许基因工程发展下去，会找到答案；甚至人的性情及长处短处，也能在基因分析里辨别出来。但是社会文化（包括价值观、文字语言方式、社会规范及抽象的符号）对人的影响及限制无法去除，也有可能比生物

上帝先造夏娃?

性的先天还重要。

由胚胎学的观点，人类基本是雌性，男性的特质是后来附加的。这等于宣告上帝先创造夏娃，后在她身体上加了男性特质，制造了亚当，与《旧约·创世记》所言不同。但这没有冲突，因为《圣经》是一本基督徒奉行的圣书，书中许多象征性的讲法，不必强以科学辩驳或求证。

还有一个观点要提到，遗传上父母各提供二十三对染色体，但在产生、孕育及教养下一代上，女性的付出远超过男性。由一开始的交合，男子射出一亿至数亿个精子，女子只排一个卵子，且是一个月才排一个，一生也不过排400个左右卵子。同时她一年也只能生一个孩子，因为怀胎就要十个月。社会生物学家因而推论女子比男子更愿为养育小孩付出。再下去，男性的死亡率自受孕开始就一路领先。男婴的流产及死产都高于女婴，年轻男子因暴力、意外及作战死亡当然远多于女子，中年男子死于心脏病、癌症、胸腔及肾脏病的几率是女子的两倍。所以虽然男女出生率大约是105比100，到了45岁左右，女子人口就与男子不相上下了。到了65岁以后，女子人口更多，因为我国女性平均寿命为77.37岁，男性只有72.38岁。

职场上女性开始当家?

对于要毕业的同学而言，一定会想多了解职场，尤其是女同学。今天男女大学生比例相当接近，职场上的比例在大陆是女略多于男，但中层及高层还是男多于女。在台湾地区则是整个职场女少于男，主要和生产及养育小孩有关，还有照顾年迈父母在台湾也常是以女儿为主，此外台湾女性在生育后即永远退出职场不在少数，虽然她们强烈表示，如果行政主管部门能主动提供托儿及托老措施，她们返回职场的意愿非常高。然而大量台湾男性前往大陆就职，台湾职场男女比例可能会很快拉近平衡。

这里我要岔出去说一下，欧洲对职场女性的产假及育幼假（均带薪）远比美国、日本及中国台湾要优渥很多，100%带薪产假是4个月（德国）到1年（丹麦），4个月的后面还有14个月是65%薪资，甚至北欧有夫妇共享产假高达480天，美国、日本、中国台湾地区完全没有这些，几乎什么都没有，中国大陆要好很多。欧洲人认为孩子第一，智商（IQ）形成的关键期是14岁之前，17岁智商定型，再增加教育投资也没用。美国是市场中心，福利是市场的大敌，如何能让全民为生及育买单呢？然而美国另有算盘——工学院研究生70%以上是来自世界各国的菁英学生，连大学及中学的教育投资都省下喽！

“男理工，女人文”还是大学生普遍的现象，但是改进了许多，原因是理工医出路好，薪资高，许多女生开始进入此类科系。我念成大时因成大脱胎于台南工学院不久，以工学院为主，男女比例大约是10比1，成大女生“稍具姿色”（即70分或以上），几乎一律嫁给成大男生，无一落网（不能用“无一幸免”这成语，因成大男生条件相当高，是女生争取对象）。如今这比例已降为10比3左右。

有史以来，女性一直受到压迫，“男主外，女主内”，财产分配及继承，“女人饿死事小，失节事大”，无投票权，就学机会少，工作机会更远少于男子……以往女性的工作常是农林渔牧矿（第一级产业）的低层体力劳动工作，或技术层次低的制造业（第二级产业）。现在女子有三分之二在服务业（第三级产业），其中保险、房地产、金融、批发、餐饮及零售更是居于主流，但仍偏向在职员、销售员、助理地位。尤其分出的第四级产业，如高薪的高科技业，女性还是相当少。传统的社会性别文化已深植人心，难以一刀两断，而且在所有的弱势群体中，女性一直是最大的弱势群体。但女性常无此自觉，男性也视为理所当然。

然而，然而今天时代不一样啦！20世纪60年代的女权运动至今大大地改善了女性的地位。第一个女性主义的楷模应数夏绿蒂·勃郎特（Charlotte Brontë，1816—1855）笔下的《简爱》（*Jane Eyre*）。简爱独立而有尊严，根本是出面带领及照顾男人，难怪优良的高中女学生常以《简爱》为课外读物。200年后的今天，已有些传统的男人行业由女性带头，比如美国最大的通用汽车公司2013年任命玛丽·巴拉女士（Mary Barra）为首席执行长，而我们不要忘记，汽车及卡车一向是男人的天下及喜爱。美国政府操经济大权的现任联准会主席叶伦（Jannet Yellen）也是女性。但是女性担任高层主管的还是少数，美国1000家大公司中，女性任执行长的少于5%。这个玻璃天花板与女性照顾家庭有最大的关联，她们为此做兼职工作，常请假，不敢担负重任，甚至害怕职业上的成功带来太多麻烦，因而不表达升职的意愿，如此阻碍了女性职场的发展空间。胡适曾说过："自古成功在尝试。"女性常羞于、害怕甚至不愿尝试，如果不尝试，不表达意愿，如何能成功、创新及升迁呢？我的妻子在美国一家中型的石化工程公司升到副总裁，也曾被选为美洲中国工程师学会的会长及理事长。但她告诉我都是被动的，她从未要求过这些高位，是被人推上去的（当然她也没拒绝）。她做这些工作时，我也在上班工作，但退到幕后位置，承担照顾家庭的主要责任，也为她做不少秘书工作。

东方国家，日本女社长（高级领导阶段）只占10%，女主管（经理阶级）也仅10%，但中国台湾地区女主管达到30%，大陆女主管大概中层达到50%，高层女主管占35.5%，比亚洲各国要高很多。其他东南亚国家的女主管大概也是20%至30%。是否，40%是女主管的玻璃天花板？

“成功的女人背后有一个男人”？未必吧！成功的女人背后是她自己。而女人职场上的天敌，也还是女人。有一种说法，女性的细腻、温柔、善沟通、耐性高、接受挫折力强五大特质与管理上的需求是一致的。反观男性严肃、不善沟通、霸道，并不是管理下属的准则。但是男性比较有魄力，有担当，有决断力，这些又是做领导的需求。你说呢？

男性要有遇到女上司的心理准备，要了解女主管行事方式的不同，也要了解女主管兴趣及脾性的不同。我在美国多年都在工程单位，从未遇到过女上司。后来有些年做行政工作，有过女上司，说不出处得如何，因为那时我心中一直另有打算，也就不在乎那个工作了。这些年我在台湾的大学教授文学，前年遇到第一位女主任，只单独聊过几次，甚欢。今年她辞去主管职位，专心做研究工作。

办公室里的女性

职场上男女彼此合作及互相竞争的情况在所难免，经常听到男性说女主管不好处，更常听到女性也说女主管不好处，是真的吗？场上各阶层女主管比例相当高，早晚碰上一个，你说该怎么办？让我们先来看看女性主管的优缺点，相反的，也是男性主管的缺优点。

基本上女性比男性要感性得多，要善解人意，温柔体贴。但女性较情绪化，这种情绪化如不表现在外，也是隐藏在心中。（所以女性患抑郁症较多？）然而女性比较敬业，这是多年来一直是男性主导，她们被迫培养出的女性职场文化；她们吃苦耐劳，交际手腕高，工作效率也高。男同事高谈阔论时，她们低头工作，如此，被上级重视喜好。有个男教员对我说："遇到女同事的做同样工作，算你倒霉，她们可真是专心又努力啊！弄得你很不好看。"然而，有些女主管心眼小，把私人情绪带到公事上，爱计较，因不愿冒险而彻底执行上级交代，弄得大家都不舒服。男主管就常有"哥们儿"的情怀，甚至包庇下级，小小纵容——这也是因为他们处于主流位置，所以做事比女性有信心，有胆量。我曾在四月时去首府华盛顿出差，上面告诉我最好安排这时去，为什么？因为这时樱花盛开。同事Bryan告诉我他的女上司要他晚两周去华府，为什么？因为这时樱花盛开，女上司怕人说嫌话这时节派手下去出差。

大的公司或公家机构上级领导们绝大多数是男性，官场文化里的积弊日深，官僚、诈欺、违法、贪渎……这些男性领导或主管常视而不见，或把问题捂盖住，因为戳破就捅出篓子来，影响以后官运。反而是女性干部升到中级主管就到顶了，所以那种高层或大官文化对她们没影响，更能做事，甚至更有作为，比如台湾吵翻天的塑化剂案，就是检查单位一位女性高级技术人员努力不懈查验引起的轩然大波。

男女办公室文化

男女两性的办公室文化（也就是心态及作为）不同，现在举出观察到的及我个人的经验供做参考。

1. 男性在工作上多重视最后成果，也就是 result-oriented；女性相当重过程是否和谐，也就是process-oriented。

2. 男性面临压力时会越来越孤立及集中注意力谋求解决，其他诸事抛诸脑后。女性在压力下常与人谈论，希望获得了解及支持，也就是情绪上的发泄及纾解，并不急于立即寻求答案。

3. 在沟通上，男性有速战速决及简化的倾向，女性较重视对方的感受。

4. 男性集中精力作一件事，很难同时做好两件或多件事，要一件接一件顺序来；女性可能同时做几件事，同时听几个人对她说话。这是因为在洞穴时代，男人只要出去狩猎即可，女人要照顾洞里一切的人和事——你说谁比较辛苦？

5. 男性重视自己的能力，史前时代在猎场就是如此；女性与同事分享工作情绪并不代表能力不足胜任，只是想“找人聊聊”而已。

6. 男性本能的要求加薪升职，女性常被动——却在背后抱怨。

7. 男性要记得与女同事打招呼，叫她的名字，不是一见面就谈工作。要夸赞她的外观、衣着、发型。女性会注意到男同事每天穿的不同的衣服，男的不会。

8. 女性常给人有“没有事业心，却有好胜心”的印象。尤其遇上其他女性同事挑衅或竞争，好胜心油然而生，情绪战火可以持久而炽烈。

9. 男性之间的嫉妒较倾向职位及金钱的比较，而女性的“阴性竞争”嫉妒则比较职务、人际关系、打扮甚至包包款式。多伦多大学研究发现女职员面对女主管时，比较容易发生抑郁症、失眠。

10. 女主管重视工作的过程及细节，所以不妨随时报告一下进度；男上司重视“拿出成果来”，最好不要随时去烦他，见面讲讲黄色笑话最好。

11. 登高当然要靠意志力及野心，女性自己爬上去比较危险，不如找一把梯子，请别人帮助你爬上去。如何找这把梯子（又是一把稳当的梯子），那就要看你的判断及交际手腕了。

12. 虽然有些女性在生产后停止工作，但台湾104人力银行调查结果显示20~40岁职场女性把工作摆在第一位，金钱报酬第二，家庭第三，爱情反而排在后面。所以我必须要把这一点提出来供青年男女参考。那么，爱情在职场上变得不重要了吗？此外，有37%的台湾女性表示愿意去大陆工作，那代表了什么？又有多少职场上的女性愿去美国、日本、欧洲或东南亚工作？

13. 女性从小就很少被要求参与决策，赋予较大责任，因而决断力比男性差。一位女经理建议女性以投资理财来训练决策能力，比如股票的买卖就需要长期、短期或实时的定夺。但是人事问题，不管男女主管都要三思而后行，因为人事问题一做决定就回不了头。

14. 有些女性主管常不好意思指挥部属做事，也做不到授权分层负责，自己去做许多事，忙得像个无头苍蝇，把自己累死。深以为戒，深以为戒！

15. 女性在职场应展现女性的优点，不必刻意隐藏女性特质，千万不要亮出“男人婆”的态势。上面要找个男性化的主管，就直接找男人好了，何必找个男人婆呢？

16. 相貌英俊美丽的男女，在求职及晋升机会上均处有利地位。对肥胖的歧视在所难免。美丽的女性常知道如何挡掉追求者，可能从高中就已培养出此技能。

17. 同性恋及双性恋占人口3%~4%，此一族群在就业市场仍属弱势者，但社会风气已日益开放。

性骚扰及办公室恋情

因为在办公室的时间比在家里长，又没有柴米油盐酱醋茶及小孩子哭哭啼啼的牵挂，男女产生办公室恋情的机会不少，甚至比在求学阶段还多。如果是婚外情，后果要自己衡量决定；如果要脱身又不能全身而退，或者有工作上直接从属的关系，那就是另一种考验了。

不管已婚未婚，办公室里两情相悦别人管不着，但言语及肢体上的性骚扰则构成行为问题。一般来说，男子风流被认为是有本领，下流则是另一种评估了。多数女性被性骚扰（不是强暴）都隐忍，而毛手毛脚的多是50~60岁之间的半老之徒，50岁以下少有。美国人常说“Dirty old man at the corner”，是我国在巷口等着女学生经过跟上去那一种。毛手毛脚占些小便宜，但会臭名远播。为什么还要这样做？因为不能控制自己，有病。有病就应就医。

变化就在眼前

职场上男女比例的变化，主管的男女比例变化，还有我国更人性化、更尊重女权的变化，这一切男女都要预期及适应。男性仍然是主导，但不会包办所有高位、高薪、权益。女性要争取自己的权益，不是与男人硬碰硬，那是一种自杀的行为。女性要记得“以柔克刚”、“不战而屈人之兵”这两句话。

第11章

理财，从现在开始

人赚钱很慢，钱生钱很快。

——犹太人的智慧全集《塔木德》

许多年轻人说不在乎钱，认为重视钱的人俗气。但是到了成家年龄就不是这种想法了。即使你自己淡泊，也得为家庭着想，起码得小康：购屋、养育子女、出国旅游、年迈父母、退休打算……钱紧迫尾随，无一刻松懈遁形。你们这一代20岁的人大概平均寿命90上下，你22岁毕业开张，工作到66岁收摊，但理财及经营却是直到挂点，所以有68年要在钱里打滚（90 – 22 = 68）。

各位是大学生或研究生，尚无财产集聚，此文目的是给各位一些财产及投资基本概念，这些概念越年轻入脑越好，越不容易忘记，年龄再小则不容易理解，所以对大学生最适合。

你这一生的资产来源可能是以下十项：薪金、房地产、股市、汇市、黄金、期货、商业投资、遗产、赠予、国外投资。我们分开来讨论。在逐条讨论之前，我以本身多年经验给你的建议（或警示）是：投资项目应该要分散比较保险，不要把所有的鸡蛋都摆在一只篮子里。因为各项投资都会因时消长，投资不是投机或赌博、押宝，是你一生的老本儿，不要因押错了宝而晚景凄凉，连棺材本儿都没保住。还有，如果有机会，有门道，投资国外也是一种分散。

薪酬永不嫌少

除了自己创业或继承家族企业，我们一生最正常的收入是薪资，也就是上班族的固定报酬。大学毕业后有44年的工作时间，一般说来，如图1所示，前5年的薪资成长率最快，6~13年次快，但慢了许多许多，再下去多靠年资调整，只有少数人升上金字塔，越上去位子越少（见图2）。

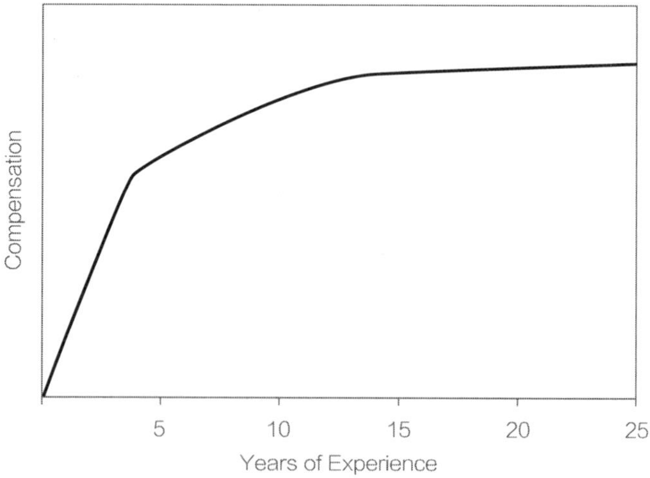

图1　薪资成长曲线

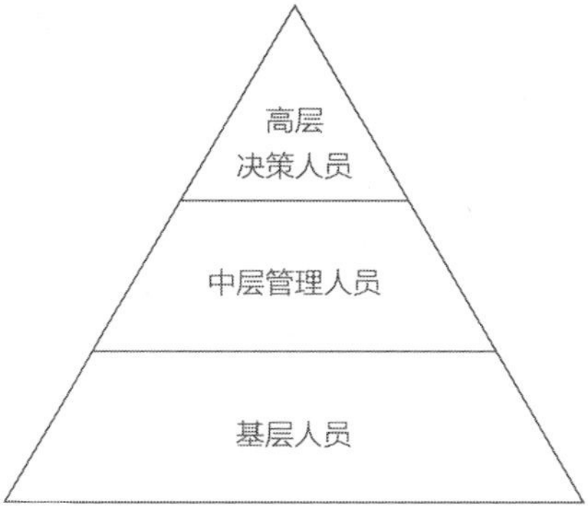

图2　越上去位子越少

大多数人的薪酬在十年左右达到最高点，下去年纪增长但薪资不长，或说因为是只长年纪，不长能力所致。以前薪资随年资增长，现在公家机构如此，私人企业则是绩效导向——资本主义的社会就是如此。调查发现：研发、业务、营销是“薪资成长”最大的三大领域，因为这些工作最有表现机会。换言之，技术研发、业绩数字、承接案件数字（及金额）也最容易被衡量。这些是公司营收的关键工作，当然调薪快，但也有不景气时被解雇的风险。工作性质属例行性如行政、总务、助理等，因取代性高，不仅起薪低，调幅也不高。以行业来说，科研单位、金融业、计算机服务业的薪水最高，处于前三甲，彼此间差异很小，月薪都超过5000。金融业的薪水后期涨幅会非常快，远高于科研单位。

目前我国大学学士全国平均起薪约4500人民币，台湾地区是5900人民币（二者均以14个月计算），美国是23300人民币（美国无2个月加给）。与国民所得相比（美国是55200美元，大陆7380美元，台湾21500美元），台湾大学毕业生起薪偏低，大陆偏高。原因是台湾大学过多（大学录取率100%），许多工作根本不需要学位。

一般说来，专业人员薪资高，也无法被取代。专业学院及科系只有工程、科技、会计、医护及律师五大领域，其他非属专业。举例：电视台或某大报招考记者或编辑，顶尖新闻系出身不见得优先录取，只要文笔好，反应灵活，没有相关大学学位，也可能击败复旦新闻系毕业生。

目前社会急速变化，除了政府单位，“终生雇用”已成神话，实际上也少有公司能维持30年以上。但如果要换工作，最好起码做到3年以上。换多了，给人没常性的感觉，或表示你人际关系有问题。基本上换工作应有20%的加薪，否则许多无形的损失如原公司里建立的人脉、影响力都将付诸东流。但也有人另有打算：我在密歇根取得博士学位后，得到全美各州数个工作，却接受一个比当时薪酬减少10%的加州旧金山湾区工作，房价还高一倍以上。有两个朋友说：“没有人像你这样搞法的！”那时我是有投机的押宝念头，认为包括硅谷（Silicon Valley）在内的旧金山湾区会大发特发，先搭上巴士再说——后来证明眼光是对的。只是要不要投机因人而异。当然，当时也有其他考虑，包括当地的亚洲文化及亚洲关系远超过美国其他各地。

工作能力多元化及专业技能精深的人，薪酬一定同步成长。至于要走专业路线或管理路线，那不但要自我省视，也要询问他人意见，最好是导师（mentor）的指点。

如果薪金及职位自知都到了瓶颈，就要认命，抓住退休金为上。或者，稳保住现有工作，但在工作之外兼差，比如投资房地产以增加收入及资产。年龄渐长，工作丢掉很难再找到另一份相关的，就算开出租车或做大楼管理员也有年龄限制。所以到了45岁，就要开始注意以后20年的工作状况，55岁要开始为退休盘算。

房子永远不嫌大

到了退休年龄，大多数人最大的资产就是那套房子，而一生中最大的支出也在房产——支出包括贷款、税金、保险、整修等。许多人将余款买第二套、第三套房屋，因为房屋增值比银行利息或股票投资要多很多。在我国，房地产基本是资产增加的原因，但也是资产风险的根源。上海、北京等一线大城市近10年房价涨幅在5倍以上。目前中国家庭的资产配置，房地产比重达66%，远高于美国的40%。反而是金融资产的比例不高，例如美国金融资产是40%，而中国金融资产只占10%。

房地产贷款多是30年，今天每月所付房贷和29年以后一样，但你的薪水一直在向上调，所以多年后房贷压力要减轻许多。

因为华人习俗接近，我再告诉你台湾的情形。台湾空屋率是纽约或伦敦的3~4倍，是香港及新加坡的2倍以上。为什么还未泡沫化？因为近年房贷利息低，市面上游资多，再加上祈盼内地陆资会来台等三因素，所以自住、投资及投机者对房地产有信心。近年房地产上涨的比率远超过薪资或其他投资的增长，这好光景是否持续下去，不但和台湾的经济发展同进退，更与两岸的政治关系息息相关。台湾有极大的收入是来自大陆，若与大陆关系恶化，立即大幅度影响房地产——当然也影响经济。

大多数人在30多岁后才买生平第一套房子，这是因为求学年限延长造成晚婚，台湾是男32岁，女30岁；中国大陆70年代出生是30

岁左右初婚。而婚前买房的是少数，这是习惯问题，也是因为头款不足，要先工作几年存这笔头款。成婚则是两份收入，贷款也容易很多。因为一般银行房贷是每月不得超过夫妻合并月入三成：丈夫月薪9000，妻子6000，则每月房贷不应超过4500。否则就得买较便宜房子，或向亲友借钱多下头款，以降到4500。此外，你一定要对数字及预算熟悉，否则会搞乱掉，数年后被迫售屋，或生活质量大幅下降。

因为离婚率增高，夫妻购屋必须要了解清楚房屋登记的产权、税负、贷款、共有财产、欠债等问题。新《婚姻法》有些条文规定，而你也应该向专家请教这些问题，包括律师代书或会计师。因为牵涉到法律，不要轻信亲友说："我想是这样子的……"

一个人平均一生换四次房子，你的第一套房子不会是最后一套房子，所以不需要是你最喜欢的Dream House。重要的是尽快下手，如此钱可以由付房贷存下来。等薪水调高了，又存下一笔钱，再加上房屋涨价，如此可换大一点的房子。不要忘记，薪水涨，每个月的房贷并不涨。买房大小是由你的付款能力决定，也就是不超过夫妻收入的三成，最多不超过五成。如果上班在北京，北京买不起，就要买在他处保值存款，而在北京租公寓住，因为北京每月租金要远比每月房贷低许多倍。另外，你可考虑尚未盖好的预售屋，因为可拖延至完工才付款，涨幅也较大，只是装潢得花一笔钱，大约是房价的十分之一。

买房子地段最重要，好校区及地铁站永远增值最快，好山好水反而比不上好破好乱（及好热闹）的市区——方便是第一要素，但许多人不喜欢市区。

影响房地产的因素共有六大项，包括利率、税率、经济成长、资金、供需、通货膨胀等。另外境外新兴国家房地产的投资有可能赚两道，除了涨幅比发达国家要快很多，还有新兴国家币值也会涨得快，问题是如何进场？因为你在那个国家不认识什么人，住在旅馆买房子不是一个星期就能了断的。所以前几年有台湾退休公务员由台北房产中介公司带去马来西亚，大约买下两千多栋房子，房价不到台北的三分之一，不到两年又涨了30%。大陆应该也将有这种境外投资的交易项目。

台湾股市涨不多

股市投资一般包括股票（stock）、共同基金（mutual fund）、指数基金（index fund）、交易型开放式指数基金（ETF）及债券（bond）五大项。我们要回头看以往股市，才决定如何做。我先介绍台湾股市，为什么？因为中国大陆许多由欧美移植过来的事务都学台湾。

台湾股票交易市场成立于1961年，由台湾证券交易所主掌，坐落于台北101大楼之内。股票市场的升降变化以加权指数作表达，加权指数是以挂牌上市的普通股作计算，特色是大公司如台积电、鸿海、中钢、台塑加权计算，所以也反映了台湾整体世面的兴衰，可说是经济走向的橱窗，与美国股市的标普五百（S&P500）代表美国500家大企业相同。加权指数在1990年2月创下12682的最高点，那是1988年去世的蒋经国大振经济的余波荡漾。实际上，1985年后数年，投资户由50万户暴增为250万户，现在是四成民众进入股市。股市交易是周一至周五9:00至13:30，每天仅仅4.5小时，菜篮族、公务员、教师，甚至大学生都兴奋投入，台湾岛一度变成全民大赌场。

纽约股票市场（New York Stock Exchange）

然而最高点后不久即崩盘，1990年2月历史最高点之后的8个月内降1万点以上，海外游资及投机大户及时拔出，小户被套牢，遍地丧家之犬。如今离1990年的最高点已有27.5年，近日加权指数约10400。中国台湾是参考美国的S&P500建立加权指数。观察美国的 S&P500在1990年2月大概是340点，如今是近2440点，涨了7.2倍，中国台湾这27.5年反而跌到只有82%。与美国相比，差别竟近9倍 (7.2/0.82 = 8.8)。这代表了有原因令股市涨不上去：是政党斗争拖累了经济发展？是缺乏带领经济的前瞻人物（如李国鼎、孙运璇、赵耀东、蒋经国)？是大陆的强盛影响了台湾的股市裹足不前？还是那时涨得无理性的太高了。如是，为什么房地产却涨上去？无论如何，这一生资产累积不能靠股市。当然，以美国股市的长期上扬趋势，也可以在台湾投资到美国的指数基金。实际上，可在台湾开立美国证卷商的账户，甚至可以用自己的计算机下单。

中国大陆股市许多运作都是学习美国，也学了台湾地区和香港地区，但不要忘记，美国是唯一股市波动会影响全世界股市的国家。现在我们看看大陆的股市。

大陆股市ABC

1990年12月上海证券交易所成立。深圳证券交易所也试营业。交易时间是周一至周五上午的9点30分到11点30分，下午的1点到3点，每天4小时，与台湾的4.5小时接近，美国是6.5小时。证券交易所为防范过度投机进出，避免股市暴涨暴跌，规定10%的涨跌幅限制。

上海证券交易所综合股价指数（简称上证指数、上证综指、上证综合、沪综指或沪指）反映上海证券交易所挂牌股票的统计指数。投资者据此可检验自己投资的效果，并用以预测股票市场的动向。同时，新闻界、公司老板乃至政界领导人等也以此为参考指标，来观察、预测社会政治及经济发展形势。上证指数相对于香港的恒生指数（1969）及台湾的加权指数（1961）成立较晚，只有25年的历史。

大陆及台湾股票市场与美国股票市场相比，波动较大，也就是不稳定，所以适合投机（speculation），但不适合投资（investment）。美国股市历史久，经济稳定，执世界牛耳，政局及国家安全也高，再加上市场法规及管理完善，及有大笔全国退休金、公司、银行、各种公商基金的投入股市，造成了美股成为世界上最稳健的长期投资。在这本书的台湾版中，我建议购买美国的代表性ETF指数基金做长期投资。但是在中国大陆还无法如此下单，即使有“沪港通”，也只能买港股，美股不行。除非有赴港通行证，能在香港开户买美股。有一个大问题，就是：如果中国经济继续强势发展下去，是否应押宝在中国股市？

房市及股市是最大的两个投资市场，常常在房市赚到了钱投入股市，股市赚到了钱投入房市，总之不能让大笔的钞票闲着，存在银行拿2%的利息。

有些我个人经验及分析判断列下供各位参考。

1. 买股票比买房子在动作上容易太多，也快太多，脱手也比卖房子快：我在台湾用计算机及网络可自行下单越洋买美国股票，美国实时回报成交。股市需要入场的金额远比买房订金低。但股市及金市收益多比不上房市，而且危险性高于房市。

2. 买股票的目的可以是储蓄保值、投资及投机。如买投机股票，不要倾囊而出，因为一次、两次成功，不可能永远是winner（赢家）。下一次可能将前面赚的再加老本儿一齐赔光。如为储蓄保值（因银行只给2%），请考虑“多年来”配高股息的大公司。

3. 买共同基金（或ETF）要比单独股票稳当得多，因为一只共同基金投资多家股票或债券，风险分散。一般股民没有股市的知识及判断力，又相信道听途说，甚至“内幕交易”。内幕交易轮不到你，到了你那儿已不是新闻了。还不如选购共同基金，把时间精力用在其他有意义的事务上。花再多精力在研究股票上，胜算也有限，看看台湾这27.5年股市没涨反而跌。

4. 股市上有各式各样的投资顾问专家，各式各样的共同基金，然而，美国的多年研究结果是60%的投资专家及共同基金不能胜过指数基金。所以有经验、有脑子的投资人不会去找他们操盘，还不如自己购买佣金极少的指数基金，随市场起伏，做长期投资。

5. 美国股神巴菲特（Warren Buffett）不太投资高科技股，因为新科技很快被取代，谁知道苹果计算机10年后会是什么样子？不可一世的诺基亚（Nokia）就是一个好例子。

6. 中国股市不如美国稳定及成熟，人为操纵力量甚强，而且受到政治形势相当大的影响。美股虽有短期上下，整个趋势这50年是向上升。美股有相当大的一部分是由大投资者所拥有，比如各级政府及各大公司的退休金、银行（有许多存款）、保险公司（收了许多保险费）、大投资公司、大学的基金等。

7. 如果不买共同基金或指数基金，而是买一般股票，则尽量不要只投资一家公司。因为这公司再强，也可能向下沉，像诺基亚这种例子不在少数。

8. 股市的投资分析有基础分析及技术分析两种。基础分析是衡量各种影响股价的因素，预测该股票未来趋势走向。技术分析则是将股价及交易量变化轨迹制成图表，由此以科学方法预测股价短期变化趋势，市面上有这种工具书，但做技术分析的短线投资者很少，绝大多数的人懒得低头去玩图表。一般说来，股市赚钱不需要什么大学问，买对了时间比买对了股票重要。股市比经济起伏要早半年，这是因为大投资者有足够的眼光看出半年后的经济趋势，进而入场或离场——比如10月经济要开始起飞，股市在四五月左右就开始向上爬升。

黄金与外汇

薪水、房子、股票之外，就是黄金、白银及外汇。我们常听到“黄金美钞”这个词，尤其是有政治危险及经济大动乱时，这个词儿就浮现了。为什么？因为通货膨胀，预期金价要上涨，或对自己国家的币值不信任。比如1948年国共内战时金圆券急速贬值，下图是市上通用的100万元金圆券，图中光头军人是蒋介石。

100万元的金圆券

长期来说，金价是上涨的趋势，但短期的波动你不见得占到便宜，如果要急用，可能被迫低价卖出。如果是投资在纪念金币、漂亮的金首饰，那出售时更可能比金价更低。如果要存金条、金锭、金块等，要考虑到失窃的问题。我年轻时先慈带我去银行，她租的大保险箱里摆满金条，并未问她为何如此。这些实体金物的买卖以银楼为主。如不愿存实体金物，可开黄金存折或黄金账户做交易。此外投资金矿或其他矿业股票也属更便利渠道。只是这类股票牵涉到公司的探勘、生产、运销、灾难等各个层面，即使黄金涨价，股票不一定涨。

存金子没有利息，还有风险，但如果埋在后院（住北京、上海这种大城市没有后院），或藏在沙发床垫夹层中，每隔一段时间晚上取出，在内室灯光下细细观赏那些闪闪发光的物事，却也是人生一大享受。只是最好让配偶孩子知道有这么回事，否则有个三长两短，不像银行、股票、地契一样有记录。

汇市就是外国货币的市场，俗称“外币买卖”。外汇市场因三种原因产生：进出口贸易（约占5%左右），汇率变化的投机（多不是投资，占95%左右），及有外国资产（如工厂）的对冲需要。为投机而做的汇市交易常是美元、日元及欧元。基本上，汇率受到政治事件及军事活动（即战争）影响不少，黄金价格亦是如此，所以我不认为汇市操作是一种一生储蓄财产的投资。我曾住在忠孝东路四段一间大公寓的6楼，7楼是一位女士租住，24小时做汇市操盘生意，她曾两次下来延揽我做她客户，告诉我钱有多好赚，我没答应她。后来那屋主卖给影歌星徐若瑄，汇市交易女士远去杨梅买房。如果汇市钱那么好赚，怎么不在台北买房？

不需要精细财务计划

高科技的风险投资（Venture Capital Investment）、商业上的投资、期货、债券、艺术品、收集物、珠宝等的投资或投机这里不谈了，谈也谈不完。赠予及遗产一切按法律规章进行，也没什么好谈的。只是我要提醒各位：为了遗产兄弟姐妹反目层出不穷。最好子女联合向年迈父母提出讨论，同时要求开列财产名单。你要在老人将过世时，调查清楚他们是否还有其他财产，比如后院树根左方或客厅沙发内层。

我认为你并不需要订下未来经济财务计划，然后像驼鸟一样一头栽进去。因为经济状况一直在变，你有计划，却时时要修正，甚至中美关系都是因素。个人或家庭账务，不需要太仔细，大概心里有个数就可以了。

第12章 大学生的公民素养

有三种质朴而强烈的情感支配我的一生，那就是：对知识的追求，对爱情的渴望，以及对受苦受难人们的同情。

——英国哲学家及数学家罗素

公民教育（Civic Education）大致是在中、小学实施，到了大学就相当少，甚至没有，只在通识教育中包括一些。大学生已过18岁，在我国宪法上算成年，要负法律责任以及服兵役——到战场上杀人或被杀。但到22周岁才达到男子合法结婚年龄（女子20周岁）。世界上大部分的国家都以18岁为成年。如果是成年人，似乎就不需再指导他如何做人了。

实际上是否应该如此？大学生不需要公民教育吗？让我们来分析讨论一下。

基本上，公民教育分三大部分：公民教养、公民知识、公民道德。

道德是个人与国家社会的关系，基本上是为人（利他）；知识是保障自己的权益，是为己（利己）；教养则两者兼具，对自己及他人都有利害关系。我们先来看看西方及日本的公民教育，因为多年来他们与我们关系最密切，有相当高水平的公民素质，可以做我们的参考。

日本的公民教育

日本1868年明治维新后迅速步上军国主义的路线，其实是近八百年武士道精神的延续。军国主义相当注重小学教育，因为小学生最容易被洗脑，被塑造，进入初二至初三的青春反叛期后，教化及塑造越来越困难。1868年明治天皇亲率文武百官在紫辰正殿向天地、人民宣誓《五条御誓文》，郑重表明要“破除旧有之陋习，毋使人心懈怠，求知识于世界”，以大振皇国之基业。明治以“朕躬身先众而行，向天地神明宣誓，定斯国是”。明治维新不到38年，竟击败两个世界大国中国（1895年甲午战争）及俄国（1905年日俄战争）。往深处看，这其实是日本国民素质及道德提升所缔造的胜利。日本“二战”时厉行军国教育，比如年轻战斗机驾驶员组成自杀性的“神风特攻队”，喊出“人生二十五”的悲壮口号。战后军国主义的公民教育被迫取消。然而日本的企业界及政府官员依然持续武士道的忠诚、奉献、荣誉、正直、整洁、教养礼节等特质，所以联合缔造了经济发展的奇迹。

至今，日本的大学仍然有“教养学部”（如东京大学）或“综合人间学部”（如京都大学），科目内容与我国的通识教育相似，以知识性为主，并非军国式的爱国公民教育。

西方（美国）的公民教育

西方文化有两大根源：基督教及古希腊精神。基督教是一神教，重视的是来世，要敬畏上帝，按《圣经》行事以达天堂，所以现世是手段而非目的。相反的，古希腊距今约2160年至3000年，是有六十余位神明的多神教。注重今世，要人们拥有现世及享受现世，所以现世是手段也是目的。这两种截然不同的人生观及宇宙观却在一千多年后的十四、十五世纪合而为一，缔造了欧洲的文艺复兴。而中国则是汉武帝采纳董仲舒建议罢黜诸子百家，独尊儒家。请你想一想为什么中国（包括崇儒的日、韩）与西方有这么大的差别？中日韩吸收西方文化能照单全收吗？学得再多，是否还只是表面化的“汉魂洋体”或“和魂洋体”？

希腊文化注重的是人道及理性。因为人道，所以肯定及追求人间现世生活；因为理性，所以尊奉“教养”（arête）、“卓越”（excellency）以及“秩序”（order）。教养是一个人在人文及科学方面的素养，更是人在行为、仪态、语言方面所表现的气质风度。卓越是发挥个人的天赋，含有深厚的个人主义色彩；人有追求卓越的权利，但不能因此而行为自私或逾界，所以公德心及秩序都要遵守。这些都是西方人传统上所追求及奉守的，沿用至今，仍然是他们教养重要的一部分，另一部分来自基督教。我在美国念书及工作多年，观察到他们的公民教育强调知识性部分，比如选举、法律、各级社会结构、民权、国际观（与帝国主义有关）等。但是也有很大一部分关系到种族、性别（包括同性恋）、年龄层次的歧视及平权问题。至于道德性部分，因为美国是基督教国家，主要有宗教及《圣经》来维护他们的道德水平，并不一定要摆在公民教育里。但即使如此，还是在

包青天判案公正

1969年成立了公民教育中心（The Center for Civic Education），培养公民了解他们的法律权利、义务及公民道德意识。在这里我要指出，西方的公民权利是以法律为基础。西方普遍的法律观念实际上源于公元6世纪的东罗马帝国的《查士丁尼法典》（*Justinieani's Code*）；东方的首部现代化宪法，要迟到明治维新之后的1890年才出现的《大日本帝国宪法》；我国则一直是有“包青天”（包公）这种人物作判案表率。但包青天判案的根据是什么？他的“侠义精神”与法律思维何关？我们在大学的通识教育中能扯上这些吗？实际上直到今天还是有“坦白从宽，抗拒从严”，官员公开道歉、鞠躬甚至下跪的把戏。这和西方“就事论事”的希腊理性传统相去甚远。换言之，西方是法理情，我们是情理法。

1890年日本公布东方首部宪法

中国台湾的公民教育

1911年孙中山革命成功后，有相当长的军阀混乱时期。民国八年的五四运动是近代史上一件大事，而中国近代史上（包括1949年之后的台湾）公民教育和学生运动总是有关联，所以青年的公民教育存在着政治及文化的争议性。1934年蒋介石发起“新生活运动”。此运动在思想层面上，集大成糅合了传统儒教、军事性的国家主义、德国法西斯主义、日本武士道甚至基督教价值观等元素。它的中心思想是“礼义廉耻”，目的就是要国民在生活上振作，革除陋习，进而爱国。蒋介石是严格的日本士官学校出身（日本无三军官校），又受纳粹德国影响，此运动的内容可想而知，对“东亚病夫”应大有帮助。实际上，早期对日抗战如1937年“8・13松沪战役”国民党军队是使用德制武器及德军为顾问，以后德日结为轴心国，德国军事顾问才被美国人取代。

“新生活运动”历经抗战，直到1949年撤退台湾，才不得不“暂停办理”。之后，公民教育则以反共八股为圭臬，引起青年人相当大的反感，也抹杀不少创造性，直至1987年“解严”。当时长达38年的戒严是由台湾省警备总司令部执行，令人恐惧，谈虎色变。甚至警总撤销后，人们还是疑神疑鬼，“心中还是有一个小警总”。

1963年台大美籍留学生狄仁华（Don Baron）在台湾最权威报刊发表《人情味与公德心》一文，指责台大学生自私、冷漠、善嫉妒，无公德心，甚至考试公开作弊不以为耻。此文引发各大学发起“自觉运动”，声言“我们绝不是自私颓废的一代”，颇有延续“新生活运动”的振作意味。但自觉运动主要人物旋即出国留学，运动无疾而终。狄仁华牧师2013年9月在夏威夷病逝。

如今，台湾“教育部”顾问室推动现代公民五大素养列为伦理、民主、科学、美学、媒体。这五项涵盖了道德性及知识性。如果问我还能加上什么？我会加上财务及教养两项。财务就是此生的个人及家庭经济状况，年轻时就要培养理财的观念，增长经济知识，本书有专文介绍财务一项。说穿了，金钱对一个人相当重要，不是铜臭。教养如前所说，是一个人的仪表、气质、举止、风度，也就是西方人相当重视的外在条件。

由此，我建议中国政府制定国民素养的规划，以求我国国民知识及道德水平的提升。这和教育部在2014年公布的《各学段学生发展核心素养体系》不相同。

大学生需要公民教育

我们的民族有优点也有缺点。与西方人及日本人相比，缺点算是多很多。我们都知道这些缺点，但因为是科举制度的后代，从小家庭及学校教育着重的是学位（不管有用没用），及能否考进出路好的科系，并不重视这些所谓的“公民素养”。我先列下我们民族的缺点：

（1）狡猾；（2）肮脏及赌博；（3）缺乏群体感；（4）内斗及散沙；（5）倾向索取（to take）而非给予（to give）；（6）缺乏优雅的举止；（7）缺乏制度化的观念；（8）缺乏创发精神；（9）缺乏美感及艺术感；（10）缺乏为对方着想的考虑。

现在我们该谈到大学生是否还是需要公民教育？需要哪些？如何取得或如何执行？

我个人认为公民教育就是提升公民素养，也就是一个人的教养，所以是终身教育，大学生当然也需要。因为大学的目的不可能只是职业介绍所，还有培养气质及社会参与这两大项目。大学毕业生的气质及道德水平应比一般人高，犯罪率要低很多。

公民教养

教养就是财富。教养及举止好给人好印象，胜算机会大很多。

我国重视学问及能力，甚少涉及仪容及秩序，“四书”里也很少提到这些。这里我要特别强调仪容举止，属教养的一部分。记得在美国任职某工程研究单位时，同单位还有一位台湾名校第一名毕业的吴君，在美国也是名校读的博士。我有时向吴君请教复杂的工程数学问题，感觉他思路相当清晰，而且不会吝于助人，老美也认可他这一点。但是吴君举止、打扮、谈吐通通不及格，不上道，老美认为他“Wu has no class”，所以永远升不到一个小主管的位子，做人真是做得冤啊！再举一个例子：在美国洛杉矶或纽约大街上各国观光游客迎面而来，其中气质英挺（不一定英俊），腰板子直，神色自信的男人各国都有，却极少看到台湾或大陆来的男人如此挺拔。有人问个大陆来的留学生：“为什么这些中国男人不帅？”留学生回答：“不帅也有人爱，中国男人的吸引力是他们的权力，不是他们的身体。他们位居高官，高官就是春药，是男人和女人共同的春药。”回答真是贴切！再说一点，如果各位注意西方的舞蹈，不管是弗拉明戈舞、希腊舞、斯拉夫舞还是北欧舞、哥萨克舞……舞蹈者都是脚步快速移动，但上身永远挺得很直，这和他们平时的姿态相同。一个人有仪态及气质，气势上就不同，在谈判、求职、说服或意图压制对方时，赢得第一印象，先声夺人。有一种有关第一印象（First Impression）说法：仪容举止占55%，言谈声调措辞占38%，说话内容只占7%。换而言之，93%的纯外在因素影响别人对你的感觉。

19世纪美国通过《排华法案》(Chinese Exclusion Act)，当时舆论认为华人生性狡猾，习惯肮脏。我个人观察在“狡猾”这方面台湾普通老百姓并不狡猾，起码这几十年因为受到美国的影响，有长足的进步，但是政客相当狡猾。肮脏的习惯至今未消除，台湾与大陆相同，看看那些高楼公寓，大多从不整修及清理外墙及窗户，与房价比，能省多少清洁维修费？而多数人家中布置陈设也无美感艺术感，甚至房屋设计采光远比不上国外，甚至比不上国民所得低很多的东南亚国家的公寓。

中国苦力留着大辫子造美国铁路

铁路完工照片不准华人出现

以上是举一些例子，说明我们需要改进的地方，如气质、清洁、艺术美感、正直诚实……这些道德性及教养性教育并非一蹴而就。如何培养？大学的课程不太可能包括这些，西方国家也不在大学教这些，而是从小在家庭里培养，还有就是自己摸索，自我教育，自我警惕。其实西方的电影是一个临摹教养的大场所，我们在电影中学到许多西方人的仪态、举止、谈吐、艺术布置、穿着……甚至公德心。这方面我要说一句，中国即将在10~15年后与美国共同成为世界最大经济体，以及第二大军事体，以及第二个登陆月球的国家……但是中国的国民素质还是差得很远，中国人在世界各地的地位也不高，甚至输给为我们做佣人及外劳的东南亚人。这些能不令我们反省吗？

公民知识——大学的通识教育

公民素养中知识性的部分在大学是归入通识教育。通识教育（General Education）也可称之为博雅教育（学识广博，生活高雅，Liberal Arts Education），是一种通才素质的教育，目的是教育学生为高素质、有教养的成人，以及培育未来各方面的领导人才。美国极为重视通识教育，多数大学最初两年接受基础通识教育，到大三才declare major（分科系）。中国台湾最先有通识教育大概是1950年代的东海大学，东海因是美国教会设立的私立大学，所以移植某些美国教育体系。之后台大也跟进，到了1984年台湾“教育部”正式公布实施通识教育。中国大陆的大学在1950年代学习苏联体制，以专职为主，当然不可能有所谓“教养性的”通识教育，甚至可能认为与党的路线有相违之处，但现在也开始由西方导入及重视通识了。大约21世纪开年后，各大名校通识教育上路，甚至混淆为菁英教育，只开一两个班，供优秀学生参加。如今已拓展到全校，但是还是在萌芽阶段。我在此强调通识教育，通识教育的两大目的之一就是培育未来各方面的领导人才，随着中国的跨国企业，到世界各地去做领导——以及领袖。

通识教育虽然重要，且不论在西方或中国都有历史传统，西方是始自古典希腊，中国可追溯到先秦的“六艺”及汉朝以后的“儒家教育”，但在台湾地区多被视为“营养学分”，甚至有些教授公开声言通识学分好混，也不须严格，兼任教员一大把，就是教这种课。

为何美国如此重视通识教育，而我们则不是呢？追根究底，我国教育重视的还是未来职业的专门训练，并不太重视国民素质的培养。但在美国，举例来说，他们的本土公司或跨国公司经理或领导多是老美，手下一大堆高级技术职员则是世界各国来的菁英。我们清楚地了解，训练带头的人，必须重视全方位的通识教育，不是只有专业训练。因为不论领导或经理人才，他们在本行专业知识只须具备20%即可，其他80%是沟通，其中言语沟通占80%，文字书写沟通只占20%，所以八八六十四，有三分之二是靠口头沟通或交际。这些沟通牵涉很广，天南地北的聊天要比正事还多很多。这时，通识教育学来的知识及教养就派上用场了！

古希腊雅典学院

我在中国台湾及美国的教育界、工程单位、联邦政府都工作过，也与高科技的风险性投资有关联，年轻时在旧金山的英国式小旅馆及意大利海鲜馆打过工，台湾服预官役时在野战部队步兵连带过兵，可谓经验齐全，阅人无算，只差没坐过牢，没杀过人，没离过婚……

这些年的经验令我深深感到：要想成功，出头，过有意义的生活，年轻时一定要多元化，多地域化，多接触面，多好奇心。这“四多”不见得造益每一个人，但绝对适用于大多数人。通识教育当然与这“四多”相辅相成。

如今我国大学的通识教育推展有些年，但定位不明，尚有待深入研究，可能与学制有关。为何不能像美国一样，将通识教育列为大一、大二共同学习，大三才分系，我不知道，这是个大问题，也可以是个大方向。

公民道德

这四个字有说教的味道，包括为人、伦理、公民责任、社会意识及国家民族观念，也就是老生常谈的礼义廉耻四维（还有八德），在这里我们不说了——实际上四维八德比什么都重要。但我还是要说一点，我注意到，严重地注意到：美国人、日本人都很爱国，中国人也越来越爱国。为什么？是国家强了才爱国？还是爱国才国家变强？问题是中国人够不够爱国？如果还不够，为什么？要如何做？是铲除贪官污吏？是强制加强气质教育（如整洁、仪态仪容、诚实正直）？还是对外发动战争以凝聚内部？

在这里我还提出几点需要强调的做人准则，因为这些有时候我们会忽略，甚至视若无睹。

1. 做人正直——这是西方社会及日本做人的基本准则，反义词是狡猾，也是君子和小人的对照。“正直”英文字是integrity；狡猾不是聪明，更不是智慧，许多台湾政商狡猾，但老百姓多诚实，大概是1987年“解严”后发展出来的美德。

2. 有情有义——有情有义也包括报恩。讲义气永远被人尊重，哪怕是贩夫走卒。反而学问高、条子多、官位高的常是怕事而不讲义气的人。

3. 不出卖朋友——年轻人比较重情义及重友情。入了社会不一样。一般说来，极权国家的人民比较不讲情义及会出卖朋友，因为要保护自己。

4. 不乘人之危及趁火打劫——人格低下，令人不齿的行为。

5. 有便宜就捡、有缝就钻，令人讨厌。

6. 与西方及日本相比，国人重视对家族的贡献及伦理，但缺乏社会公德心及国家责任感。（为何如此？）

结语

公民素养这题目太大，只能重点述说。我要强调：公民教育中的道德性及教养性两大部分，在大学阶段主要是靠自我教育及同学之间的切磋——重要的还是你有没有那份心，去学习西方人及日本人的爱国心及个人教养；通识教育多是以知识性为主，你如果不重视通识，视其为营养学分，未能拓宽眼界，以后在社会上混，吃亏的是你自己。我自年轻时就注重平衡发展，几十年下来，名利双收，与此不无关系。

第13章

未来社会的科技与人文趋势

我来教你们做超人，人是应该被超越的。

——尼采《查拉图斯特拉如是说》

什么叫未来？是未来5年、10年、还是50年、100年？各位平均寿命大概是90岁，所以现世还有70年的未来。逻辑上，未来不可能准确地被推断出来，因为如果能断定，那也就是说未来是无法改变的。所以，我们只能依现在的趋势，预测未来可能发生的，还有是不是我们需要的？如不是，如何去阻止或改变。几十年前，我在美国工程界任职，隔壁房间的詹姆斯与我交往颇多，他夫妻俩都聪明优秀，除地质工程本行外，对文学、艺术及音乐、电影也有兴趣。我曾随口问他为什么没小孩，他却强调30年内核子战争不可避免，大家都会死去。如今几十年过去，苏联解体了，中国与美国之间有紧急热线，核子灭绝人类应已消除。詹姆斯退休回到他得克萨斯州的家乡，他们没小孩，会后悔当年的错估吗？

用简单的数学做比喻，马尔萨斯（Thomas Malthus，1766—1834）在《人口论》中言及粮食成算术级数增加，人口成几何级数增加，所以要有天灾、战争、流行瘟疫来平衡人口爆炸，现在科学进展呈指数（exponential，10的n次方）增加，或说20世纪科技的进展速率是以往数千年的总和。也有人说以现在的速率，这个世纪各方面的进步将相当于过去2万年的总和。是不是？我们拭目以待吧，以我的年龄，可是等不到了——除非有不可思议的奇迹出现。

以下就生物科技、计算机及互联网、其他科技、经济、社会及人文六大项的未来做讨论。

科技带进人类文明

我是文学教授，喜爱的是电影、雕刻、诗、音乐、艺术、小说……这些属人文艺术的感性领域。但不能不公平地说一句话：人类文明的进步主要是由科技缔造的，也就是理性及知性带我们走到今天这一步，其他心灵上的都是陪衬。没有科技，虽不至茹毛饮血，但不会有电灯、抗生素、瓦斯炉，也不能活八九十岁这么长。纪元元年人类平均寿命20岁左右；过了2000年，20世纪初叶欧美发达国家是40余岁；再过100年，如今平均寿命加倍为80余岁——当然是拜科技之赐。如果活都活不好，怎么还能想到唐诗、贝多芬或毕加索呢？看看，非洲及中南美洲是人类开化最晚的地区，因为他们连轮子及马鞍这种简单的科技产品都没想到，要等欧洲人带进来——也带进欧洲人的殖民地、梅毒、天花及瘟疫。

20世纪上半叶是科学（Science）发展时期，量子力学及相对论均在此时出现；下半叶是工程技术（Technology）的发展，主要是计算机及互联网；现在进入21世纪，应该是生物科技的时代。我们谈到以后几年到几十年科技可能的进展，这不是英国作家赫胥黎（Aldous Huxley，1894—1963）笔下的《美丽新世界》（*Brave New World*），也不是台湾地区最重要的科幻小说大师张系国创造的想象瀛寰，而是依现有状况对未来的推断。

生物科技起步不久

1953年华生（James Watson，1928— ）与克力克（Francis Crick，1916—2004）推论出DNA的双螺旋模型（DNA double helix model）；2000年人类基因体的译码计划（Human Genome Project）大体完成，对于生命的起源、演化、细胞发育、分化及疾病发生等研究，提供了重要资料，也是人类探索自身奥秘的重要里程碑；而近年干细胞（stem cell）的积极研究更引起相当大的争议。以上这三项生物科技上的创举可媲美过去研发出的疫苗、抗体及抗生素。

华生与DNA的双螺旋

无疑，生物科技还会有极大极大的发展空间。我个人认为这些发展要比计算机科技或原子物理化学的发现还重要，为什么？因为生物科技与人体有直接的关系。计算机或原子科学令我们的生活更富裕，但生物科技令我们活得更健康，更长寿，健康长寿当然要比活得富裕重要很多！

生物科技就是生物科学的商业用途，主要是用在农业、工业、畜牧及医学上——医学当然就是人体。所谓的遗传工程（genetic engineering，又称基因工程）就是重组DNA，根据我们的设计对不同生物的遗传基因，进行基因的切割、拼接和重新组合，再转入生物体（动物或植物）内，产生出我们所期望的产物，或创造出具有新的遗传特征的生物类型。目的是改良农作物的质量、产量及抗虫性，改良动物的肉质及环保考虑（所以有“环保猪”出现），制造新的药品，等等。

如果食用牛或猪的基因被改变了，没有什么人出来说几句“公道话”，因为它们反正是“畜生”，是我们食物链上的供品。但是如果人类的基因被改变了，问题就不单纯了。实际上许多人类的疾病如糖尿病、心脏病、白血病、老年痴呆症、中风、肿瘤、脊椎神经伤、肝硬化等都可能用干细胞治疗。目前距离临床还有些距离，但未来十年一定会突飞猛进。再以后，许多衰弱的器官都可由基因工程修复或取代，因为干细胞有演变、分化、更新、自我修复的能力。在这里，我要提出一件事。美国科学家海弗利克1961年提出人的细胞分裂到50次时就会出现衰老和死亡，而正常细胞分裂的周期大约是每2.4年左右一次，照此计算，人的寿命极限应为120岁左右。史上最长寿的人是法国妇女卡门，享年122岁半；最长寿的男人是日本的泉重千代，享年120岁半。这和科学研究得出的结论出奇的一致。

我年久失修，曾数次到大陆，深入不毛，遍寻长生不老之仙药，无功而返。如今有了干细胞的研究，人类寿命将不受120年之限制，只是我不知能否等到那一天。然而，干细胞研究涉及使用和损毁人类胚胎的道德问题，也就是谋杀的行为，深为法律及宗教人士反对。这和“复制人”（human cloning，“clone”是希腊文嫩枝的意思）的考虑相同，因为依圣经《旧约·创世记》所述，人是上帝创造的，所以“复制人”侵犯了上帝造人的权限。只是，复制的只是性状，有完全相同基因，并不能复制本尊的经验及记忆，所以并不是同一个人，只能算是“分身”而已。所谓上帝依自己的形象（image）造人，这里image应是指上帝的精神及观念，不是外形及长相。复制人是无性生殖，但不要忘记，上帝创造亚当及夏娃，他们也是无性生殖的产物。如果复制的目的是以后摘取他的器官给本尊或需要的人，那无异谋杀。甚至有一种说法：只需要复制身体为了以后器官备用，不需要头，那更是匪夷所思。试问，校园里有一群无头之人在行走，还跑去参加残疾人运动会，那是什么世界？

1969年人类首度登上月球，我们不知地球之外是否有生物，或生命是否以另外一种形式存在。科学家们因而曾担心太空舱会不会带回无法对付的致命细菌，灭绝人类。如今，我们也顾虑到生物科技会不会制造出不可思议的器官或生命体？如果失控，后果如何？能否收场？或，复制人和机器人的区别在哪里？

计算机及互联网的近期发展

让我们来谈谈已大放光芒的计算机及互联网。除了2015年刚完成的全国4G（移动电话系统第四代的缩写），以下是几项近期热门话题。

- 3D打印机（3D Printers）是目下最当红的技术。它是将数据及原料送进3D打印机中，机器会快速把产品一层层打印出来。过去用在工业上的模具制造，如今发展到珠宝、汽车、医疗产业、厨房用品、灯罩、眼镜等的制造。以后像汉堡、巧克力这些食物也可制造，甚至用到太空站上，用到面部整形美容上，用到有机物及活体的制造上，使用的材料由塑料、木材、合成质料到钛金属五光十色。因为3D打印机的出现，才能产生360度虚拟实况（Virtual Reality，VR）如临现场的震撼视觉。这种打印机目前售价昂贵，但是会像小计算器、手机、家用打印机一样，售价迅速下降，最后走入家庭，各位拭目以待吧！然而，如果发展到什么都能复制，是不是社会的风险及隐忧？请各位想一想——比如复制一个人体器官。

- 云端科技（Cloud Technology）就是将数据存放到遥远的巨大服务器中备用。以后云端不只是储存数据，还会进化到分析及建议，甚至走入家庭，比如依每个人的体质及喜好设计菜单，类似人工智能（Artificial Intelligence，AI）的功能。云端运算实际上只有不到10年的历史，现在各大学的理工科系已纷纷跳上这辆巴士——我该说是航空母舰。再以后，手机等也会与云端结合，任何时刻、任何地方都可如意操作。政府也会由云端科技进入e-Government（电子化政府），也就是说我们到政府办事都得使用个人计算机自行处理。所以，如果一个老人不会用计算机，他又难找到个儿孙帮他忙，你说他或她该怎么办？

- 更人性化的计算机（User-Oriented）。我当年曾用抽象的计算机语言写我的工程博士论文；我也曾经历过无图案的个人计算机，然后是彩色图窗及鼠标的桌上计算机，现在是苹果的平板……这些阶段。冰冷硬件的计算机越来越人性化，当然也越来越令人爱不释手。苹果计算机可说是继伊甸园里亚当夏娃吃的那第一只苹果，掉到牛顿头上那第二只苹果之后，第三只最有名的苹果。为什么？就是他们的产品人性化，所以iPhone，iPad现在人手一个，其他厂商赶紧跟进。不久，个人笔记本电脑会有柔软耐摔的外壳；能顾及用户的性格、脾气及生活习惯的设计，成为用户的伴侣；还有立体3D 的视觉乐趣，当然，这牵涉到计算机计算能力及AI的配合。

在不久的将来，自动驾驶汽车将取代人驾驶的汽车。目前一般汽车的软件代码（Software Code）远超过歼20战斗机或波音787梦幻客机所需，那是因为空中交通远比地面交通稀疏之故。如果自动驾驶汽车成为主流，车子里人性化计算器的设置可想而知了。

● 物联网及大数据（Internet of Things，IOT及Big Data）。物联网就是将手机、眼镜、手表、机器人、医疗设备、汽车……所有物品都联上网络，且能自行沟通。大数据是把客户的信用卡、电子邮件、消费习惯都植入芯片，让客户与物品互动，进一步分析客户需求，提供服务。甚至验血结果及过去身体信息，也转换为医疗数据分析，筛选患癌的风险指数。未来的生活将更便利，但也更没有隐私。而且商家泄密可以造成大风波，我本人就因美国Target百货公司前几年的泄密，被迫换VISA信用卡，听说那次泄密影响的顾客近一亿人。但无论如何，不管你喜不喜欢，那个时代已在眼前。

网络最初有意被设计为去中心化的“无政府主义”科技，也就是有分布式的大脑政府或大企业都无法控制，但大企业及政府还是可以做到掌控网站通信的工作。这中间有利有弊，因为犯罪行为及恐怖分子能造成莫大的伤害，能不监控他们吗？

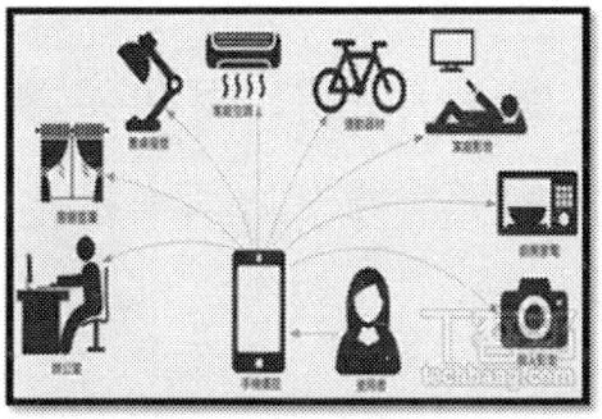

手机遥控物联网的新时代

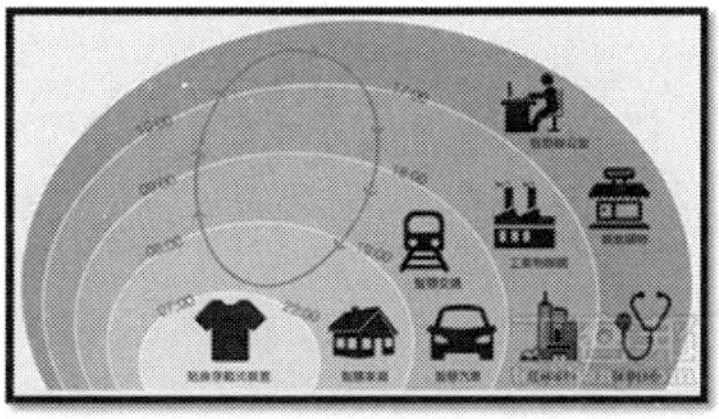

物联网与我们的生活

其他新科技发展

机器人、自动化、人工智能、无人飞机……这些名词并不相像，但代表的却是相同的意义，就是取代“人”。10年后，50%的工作将被人工智能取代，比如投资分析、司机、翻译、助理、车间工人等数字型或重复性的工作。此外纳米科技及3D打印机技术可以发展出新的合成物料，对世界进步作出相当贡献。在本书印行时，可能又有科技上的新想法出现。我只能就目前所知重要的三项简列如下，给各位参考。

- 机器人（robot）。工业用机器人主要是在工场里搬运、焊接及组装拆解，也是自动化的一种方式。中国大陆的需求最大，因为工业发展快速及工资不断上涨，所以得以机器人取代人工。机器人也有特殊用途，比如三哩岛核电厂事件后，核能工业开始重视以机器人做些危险的检视及修护工作，矿业是另一危险工作，现在机器人有取代医护人员照顾及搬迁病患的可能。再以后，司机、教师、快递员、军人、无人机操作、酒吧调酒师……未来可能有一半以上的工作实现自动化。所以，每周5天、每天8小时的工作终将成为过去。

跨学门结合两种以上技术的突破将是未来主流发展，结合自然、人工智能、人性、日常生活及消费者意愿的机器人将走入家庭与社会。尤其机器人的软件及硬件也将像有些计算机软件一样公开化（open-source），更将促进价格的大幅度下降，家庭及消费者也可购买。然而，机器人与真人的界限模糊，我们能接受吗？生物学与纳米科技、信息科技的结合，又将带领我们进入何种境界？

- 纳米科技（Nanotechnology）。纳米（Nano）是一米的十亿分之一，希腊原文是侏儒的意思。这是一门全新的技术，1981年扫描隧道显微镜（scanning tunneling microscope）的发明是它的元年，之后有多位科学家以纳米科技得到诺贝尔奖。它的研究发展和物理、化学、生物都相关，应用可说包罗万象，医药、工业、军事、民生都有。比如在大学研发的纳米机器人nanorobot，是由DNA制造出来，进入人体可感应到癌细胞，立即释出抗癌剂量，因为是针对那种癌症类型下药，比化疗或电疗要有效得多，而且不伤及其他好的细胞。现在我们周边患癌症的比率那么高，美国国家癌症中心提出了癌症纳米科技计划，目的是在侦测、控制、治疗及护理癌症方面做出研发。此外结构材料、电子工程、燃料电池、显示器、传感器的新进技术都与纳米科技有关。然而，纳米颗粒对生物、人体、环境会不会产生伤害，还是未知数。

- 外层空间探索（Outer Space）。人类研究外层空间及宇宙已有几千年的历史，是好奇，是科学的追求，是哲学，也是宗教。为什么？因为它在那里，就在我们头上。1969年美国人登上月球，全世界在电视机前屏息注视，只有一个国家没任何报道，那就是“文化大革命”进行得如火如荼的中华人民共和国。如今，中国进化为美国探索星际最大的对手：2007年中国导弹摧毁了一个老旧的气象卫星，清楚地展示他们能消灭轨道上任何他国的人造卫星或太空站；“嫦娥计划”将在大约10年后送中国人上月球，同时由机器人建立观测站，采样运回地球，显然比美国的登月要先进及复杂许多。太空探索固然是科学，但也是军事，甚至以后发展为美、中两国在月球上的殖民地。再下去是探勘火星计划，月球之旅只花3天时间，火星却要6个月，而且可能被宇宙射线或太阳耀斑（solar flare）焚死。

如今我们能观探到的宇宙物质及能量只有5%左右，其他未被观探到的95%被称为“暗物质”（dark matter）及“暗能量”（dark energy），这是无法观测，但有万有引力的物质。如果科学家不懈的研究有了新发现，那就不只是诺贝尔物理奖的问题了，而是本世纪对宇宙的全新了解、物理理论的改写，应会超过20世纪初相对论及量子力学的出现。

外层空间及其他星球上是否有生命存在？如果是以另一种形态存在，是有机的，还是无机的？《红楼梦》一开始时，僧人与通了灵性的无机的石头对话数次，那块原本该用来补天的石头是否是另一种生命的形式？如果地球上的科学进步到探测出另类的生命形态，那么，我们人类的位阶将置于何？还是，我们就到此为止，不要再进入那个领域，那个不同的坐标了？

● 神经意识探索（Consciousness）。我们对本身意识的了解还不如对宇宙的了解（天文物理），因为大脑的结构复杂，灵性世界存在的秘密远超过神经科学的理解。宇宙没有开始，也没有结束，但人的意识无所不在，如思想、情绪、精神等。以前有宗教做主宰，意识是人们公认及熟悉的。近400年科学兴起，科学人士执着唯物观点，坚持科学与灵性不能共存，有些人在神秘的灵性及尘世两个世界之间游移，更是匪夷所思。基因图谱的分析，还有其他生物科技结合计算机、纳米科技所做研究，是否会在神经科学领域做突破，让我们更了解“自己”这个大神秘？不能用实验证明的心理学及神经科学，是否因此在本世纪得到解答？如是，科学是否将更进一步超越宗教及上帝？唯物更超越唯心？你对此是否有想法？

未来的经济

马克思学说意示经济影响人的行为，也影响人的思维。诺贝尔奖在1901年首次颁发时有物理、化学、生理医学、文学及和平五项。1969年增加经济奖一项，可见经济的重要。如今得此经济奖者近70%是美国人，以芝加哥大学的教授最多。而美国的经济及股市也真是影响全世界，打个喷嚏全世界震动，比如2008年~2009年美国次贷危机（Subprime mortgage crisis）竟对全世界的经济及股市都造成了巨大冲击。

全球化的经济已然来临，WTO、APEC、两岸货贸服贸……这些名词日日见报。未来经济市场会越来越全球化，跨国公司企业及个人都要考虑全球竞争力。因为计算机化及自动化使工业生产力大增，市场进入价格战，争的是微小的利润。如果闭关自守，强调本土及内销，以政治意识形态、宗教性的意识形态主导经济，这种锁国是一种自杀行为，严重伤害国民财产及安全。交通如此发达，人才也会全球化，哪里有活力、有机会、有高报酬，人就会向彼方流动，无法阻挡。比如大陆要发展“电子书包”，以三倍于台湾的薪金挖台湾的Android软件人才，人数无上限，深洞填也填不完。这不是手机业，是平板计算机。为什么？因为大陆中小学生超过3.2亿人，若再加上幼儿园小孩，整个市场估计248亿册。所以“只要标到一个省就赚翻了”。这种人才要通中文，要会说中国话，洋人或印度软件人才无法胜任。尤其目前在台湾每年所需工程师职位不到170所大学毕业生的三成，两岸同文同种，挖角容易。所以台湾20年教改最大的受益者，搞不好可能是大陆。

课本上告诉我们生产的四大要素是土地、资本、劳动、能源。21世纪现在又加上一个“知识”，有所谓的“知识经济”（The Knowledge Economy）。这最显著的表现是在资讯工程及生物工程两大新兴产业，当然与学校教育及创造力有关。许多30多岁的年轻人在这种行业里已腰缠万贯，因为风险性投资（Venture Capital Investment）带给他们公司股票上市海捞一笔。在传统工业（如钢铁、石化、营造）里一个聪明有创意的工程师可能带给公司20%或30%的增产利润，但是在高科技产业那可能是数百倍或数千倍，所以给他极大的报酬（比如股票）也就不奇怪了。拥有知识即拥有财富及权力，全球首富比尔·盖茨（Bill Gates，1955—　）就是个典型人物。专业的社会菁英因拥有知识，成为社会的新贵族——年轻的新贵族。

一般而言，穷国是农业国家，发展中国家以工业制造为主，富裕国家则由服务业主宰。科技新发明全是富国开创，但产品制造却移往中级国家，因为工资低廉及环保污染安全等限制要小很多。如1984年美国Union Carbide公司在印度的农药厂氰化物外泄，造成附近一万多印度人死亡，近57万人受伤。台湾因地少人稠，相当重视化工厂及核电厂的安全问题。大陆因经济飞快发达，人民变得富有，必然会越来越重视环境及食物污染问题——保持重罚是最妥善的处理，反正是没有道德、自私重利的恶人。世界卫生组织（WHO）估计全球因空气污染而死亡的人数达300万人，占总死亡人数的5%。

未来企业不再以“大”取胜，如大钢铁、大石化厂、大营建公司，而是以球员少、得分高的自动化精敏企业（Agile Enterprise）为成功关键，举例如资讯工程产品因研发快而寿命短，制造程序需高弹性，故而自动化比重高。我年轻时塑料是新兴企业，王永庆的台塑真是风光，取代纺织。以后台塑及徐旭东的远东纺织都调整步伐，进入信息工业。新兴工业取代夕阳工业乃属必然，社会是无情的，请看柯达、诺基亚这些全世界第一的照相器材及手机制造公司，如今下场如何？

我们现在处于M型或沙漏型（Sand Filter）社会结构，也就是两头大中间小的畸形。原来的П字型因中间（中产阶级）塌下来挤往富人或穷人的两边，所以形成M型社会。大前研一（1943—　）指出未来20%的人能脱颖而出，绝不是比别人努力好几倍，而是比80%的人更懂得投资。请你想一想大前研一的话，因为我认为他一语点破。对你来说，投资主要是房市及股市。

如今世界缩小了，各国经济互相影响及依赖程度提高，跨国公司及大企业合并（或被吃下，如近年中国去买欧美的大企业）会越来越多。以后亚洲是个大的人口及市场经济区，中国将（或已经）主宰21世纪的工业制造及世界贸易。这个趋势存在，但中国也在力求经济转型升级，由“中国制造”向“中国智造”蜕变。“一带一路”涵盖60多国，44亿人口（占全球63%）及世界29%的经济总量，对内推动的“中国制造2025”希望留下智能产业，将污染源较大的石化工业推出去，同时也疏解钢铁、水泥等重工业产能过剩的问题，中国的目标是由大国转为强国。写到此，想起1981年我由美国应台湾行政当局之邀出席台湾建设会议，会中强调的就是工业转型，而这一年也就是“新竹科学园区”启程的年份。自此，台湾由民生制造业转型为半导体及计算器工业——工业升级给往后的台湾带来莫大的利益。

社会及人性的改变

社会及一般生活因计算机及互联网的普及而改变。有些我们已习惯多年的事物会慢慢消失或减到最少，比如邮局会被快递取代，现在用互联网通信，邮件多只是广告信。现金付款、支票付款、纸质书、音乐、报纸、电视都会在网上解决，费用也比较少，甚至无店员结账商店也将出现。家用电话会被手机取代，照片、电影、文件、唱片都会存在云端（万一不小心删除了该怎么办？还是有保护及备份），手写已然被计算机取代。我们的私人数据及隐密也将消失，到处都是数字照相机，还有你的喜好可能已被商家键入计算机，存在云端。有些小孩已不会看钟，只会看数字化的钟，所以钟也在消失中，这些生活上细节的改变都与计算机相关。

社会及人的心态因大规模战争而改变。1945年“二战”结束后虽有韩战、越战、伊拉克及阿富汗战争等，规模尚不致影响世界，只有战争国当地受到影响。我国是1948年国共内战后，至今近70年两岸无战争，金门炮战雷声大而雨点小，而且已经停止。

然而社会也受到新科技的出现而改变。X世代（Generation X）是1960初期至1980年代初期出生的，特征是身心平衡，重视家庭，工作敬业（“your job is your life”）。Y世代（Generation Y或Millennial

Generation千禧世代）是1980~2000年代初期出生的，所以Y世代赶上新科技起飞。他们追求快，工作态度自我，灵活，重快乐——X世代为工作而活，Y世代为生活而工作。Z世代是千禧年以后出生的，他们会经过网络做更广泛的交流，其他特色尚在未知之数。

基本上，人性的改变很少。科技一日千里，但2500年前孔孟或苏格拉底所叙述的人性与今日并无区别。社会结构也无太大改变，以后也不应有多少变化，唯一是人口结构老化。晚婚、不婚、离婚、少子比率越来越高，生育率2.1的人口平衡点可能被突破，世界人口进入零成长。还有一直在某些地区被压低的女性地位攀升，在国家事务中不再扮演影子角色。荷兰及北欧国家女性议员比率接近一半（不要忘记女性人数也是一半），但阿拉伯国家女性多无投票权。

人与动物不同是直立行走，会说话，会思考，能精密操作手指（如写字、制造钟表）。现代智人（Homo sapiens）大约出现在20万年前，至今，人类的演化已然终止。尼采（Friedrich Wilhelm Nietzsche，1844—1900）所谓的进化为“超人”（Übermensch或Overrman）实际上是人类行为、思维及价值观念的进化，不是生物外形的演变。但是现在有在研究将人的身体连接到机器人上，或将心智上传到计算机。这种结合机器、人脑、人工智能为一综合体，很可能会丧失我们的“人性”，那时人类就“过时”了。这种人机共生的新物种会不会在Z世代到来？我个人认为应像“复制人”一样阻止他们的“发生”。达尔文（Charles Darwin，1809—1882）在发表进化论3年后，即著书将他的演化理论应用在人类心理及行为上，之后社会生物学阐释“行为就像生物形体一样也会演化”。如果“人机合一”，再加上基因工程对人体的改造，我们的心智将受到何种影响？我们的社会结构会不会开始起大变化？不堪想象！

人文艺术依旧笑春风

人文艺术音乐的未来还是以美学为依归。如果有新花样如计算机音乐、网上小说、合成绘画……但无美感或听觉悦耳，短期就会下台。为什么？因为欣赏美是人性——“美丽新世界”并不美丽。

文学上新古典主义之后就是近代文学领域，在历经浪漫主义、写实主义、现代主义、存在主义等重要思潮之后进入后现代主义。然而后现代主义仅历时十载即寿终正寝，就是因为大杂烩式的内容、笔法及结构创新有余，艺术性却不足。而写实主义在19世纪30年代左右登场，以反映生活的现实为主体，中间也渗入了意识流的笔法，至今超过150年历久不衰。

艺术上15~16世纪文艺复兴时达·芬奇、米开朗琪罗、拉斐尔等在绘画及雕刻上有重大成就，以后经数百年演变到19世纪末期的印象派，不以细致的工笔画为主，而是捕捉瞬间光影变化，及光线对气氛的影响作画，法国印象派（French Impressionism）至今100多年仍是世人最喜爱、销路最广的绘画。然而20世纪初受弗罗伊德（Sigmund Freud，1856—1939）影响，现代主义登场，抽象画大为风行。当然，毕加索是其中最重要画家。之后有普普艺术、照相写实

夏阳的照相写实画纽约街头景

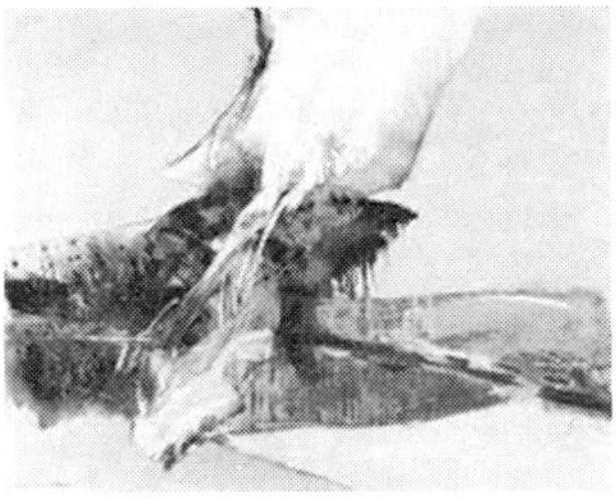

庄喆的山水抽象油画

等出现，但并未持久成大艺术。我个人及内人都喜爱抽象画，堂哥夏阳及姻亲庄喆为台湾知名抽象画家。我的儿子也是画家，但供职于微软的西雅图总部，是这个世界最大软件公司雇用的少数艺术家之一。

又及，本篇我提到人工智能将取代许多工作，甚至医生的诊断。但人工智能是以计算机的数据分析所做出的判断，并不具有人脑的深度思考及人道关怀，没有爱及同情心，所以文学、艺术及许多社会工作无法以人工智能全面取代。我们要使用人工智能，和计算机做朋友，做计算机及服务对象的中介人。如此，是我们控制及使用它们，而不是它们使用我们。

结论

未来是开放的。

第14章
你应了解的中国与世界

凡用兵之法，全国为上，破国次之………不战而屈人之兵，善之善者也。

——《孙子兵法》

近百年来与中国在文化上、经济上、政治上及军事上最相关的就是美国、日本、俄国及印度。这中间日本、俄罗斯、印度属亚太，地理上与中国邻近；美国在太平洋彼岸，现在要“重返亚太”——实际上美国从来也没离开过亚太。本章于是简单勾画出彼此的关系，供大家参考。虽然这篇文章的新闻性及时效性要强过其他各篇，似乎非属同一类型，但相关性一定存在。又因为牵涉到个人生命、财产及未来事业，此文可能比其他各章还值得关注，而且大学生是未来国家栋梁，应该了解国际关系的一些特质。

清末屡屡败战后变成“半殖民地”，大清帝国沦为世界各强国的势力范围。然而100年后的今天，中国已逐步发展为世界经济第二强，军事武力第三强。中国不但随时在面对东亚局势的动荡，也关系到世界的发展趋势，在世界舞台上将是何等角色？中国对世界及人类的责任是什么？大问题，可以写一本书，本文仅扼要陈述。

国际道义

年轻人有正义感、同情心，理想主义色彩浓厚，也肯为别人牺牲，总以为人与人之间最可贵的就是爱与同情，扶助弱小，还有“道义”。现在让我们来看看近代的几个例子。

回溯到1937年“七七事变”后，日本是经济大国，中国一穷二白，英美为了与日本之间的商业利益，不便开罪日本，决定不售战机及军火给中国，当时只有苏联供应中国武器及训练。直到四年后的1941年珍珠港事件爆发，英美才开始将中国视为盟友。

在欧洲，1939年希特勒进攻波兰，第二次世界大战爆发，英美当时表明的态度是“中立立场”，直到珍珠港事件后数日，才因德日同属轴心集团，才对德宣战——你应知道有个词叫“姑息”或“绥靖”，英文是Appeasement。

以上例证可见国际道义一斑。

美国！美国！

世人不难看到美国的理想与现实并存，“既君子又小人”的特性。美国一再对外战争，并不爱战争，但需要战争。即使如此，美国人还是给人爽朗、慷慨、开明、活泼、适合做领袖（以及警察）的印象。

我还记得大学毕业时看了伊利亚·卡赞（Elia Kazan，1909—

2003）导演的《美国！美国！》（America America）。这部影片充分描述了移民的美国梦与艰辛奋斗，而美国也是世界上唯一由移民组成的大国。目前世界发达国家（如德、日、俄、英、法……）一律人口不断降低，只有美国是逐年增加，就是因为接纳移民之故。

1776年美国独立时是人口250万的小国，现在增加120倍为3.2亿。独立后仅118年的1894年，美国工业总产值进步为世界第一。如今科技、工商企业、文化、时尚都领先世界。中国的经济可能在10年左右追上美国；军事武力大概要40年以上才可能追上。这里我要说，20世纪以后，成为超级强国的三大因素是：科技、货币和军事。如是，美国强盛的原因有五点：

1. 地理上以两大洋与欧亚多战乱国家隔离，本土无战乱，故无损坏。

2. 美国建国之初即不准宗教介入国家政治，不像欧洲在20世纪前多政教合一。

3. 多年各国菁英移民协助了美国的壮大。不管留学生或难民都是有钱、有地位、有办法的，才出得来。如果留学生来美国读研究生，学成后留下来就业，美国省了16年基础教育的经费。（真是划得来呀！）移民人口倾向年轻化，包含大量来找机会的、有创造力的人才。

4. 因战乱及高报酬，美国吸收了各国科技人才，为美国的工业及军事武力做出极大的贡献。

5. 美元作为国际准备货币，在汇兑及汲取他国财富方面有很大利益，也有收“过路费”的味道。有人说，这百年来，民主国家之间无战争，但是有货币经济战争。1944年“二战”结束前一年，布雷顿森林货币体系（Bretton Woods System）决定了世界各国货币锁定美元（之前是英镑），而美元锁定黄金，美国从此变成金融帝国。但是之后朝鲜战争及越战打掉巨量军费，1971年美国黄金储量已大减，不得不与黄金脱钩。但世人已习惯以美元为交易本位，法郎、卢布、英镑、人民币……都难以取代美元。两年后的1973年，石油输出国组织（OPEC）接受用美元做石油交易的货币，一直沿用至今。

美国当政者一直重欧轻亚，因为政商界多为欧洲后裔。与美国最亲近的是英国，几次大战美国一定出兵助英。实际上，德国后裔是人数最多的族群，然而英德均属盎格鲁—撒克逊族（Anglo-Saxon）。但政治领袖仍是全面以英伦三岛的后裔为主，45任总统中仅胡佛、艾森豪威尔及特朗普三位德国后裔，范布伦是荷兰后裔，以及奥巴马是非洲后裔；亚裔总统何时会被选出？尚在未知之数。

第二次世界大战时日裔美国人家产被没收，集体关入集中营（internment）。朝鲜战争时因作战对象是中国军队，在美华人曾害怕步日裔后尘被关入集中营，但此事并未发生。基本上美国为道义及正义愿出兵解救欧洲，但很难发生在亚洲。朝鲜战争与越南战争时，美国出兵是为了美国的利益，与道义无关。实际上，第一次世界大战时居多数的德裔也曾受到敌视，有不少人将德国姓改为近似的英国姓氏。但到了“二战”时，反德裔的气氛全面降低，联军统帅艾森豪威尔（Dwight Eisenhower，1890—1969）带兵攻入德国，看名字他是德国后裔，可见欧洲移民都已融入美国。

即使美国在军力上具有绝对优势，但美国出兵亚洲远途运送消耗极大，时间上更为不利。历经两次亚洲战争经验（菲律宾及朝鲜）的麦克阿瑟将军（Douglas MacArthur，1880—1964）曾忠告肯尼迪总统（John Kennedy，1917—1963）千万不要在亚洲打陆战：“任何人如想派遣美国地面部队到亚洲大陆作战，则这个人的脑袋应该加以检验。”澳大利亚前总理基廷（Paul Keating，1944— ）也曾说：“我一直以来都认为，亚洲稳定的未来不能由一个非亚洲国家主导，尤其是动用军事力量的美国。美国在朝鲜战争、越南战争、伊拉克战争、阿富汗战争的失利，都应该令美国意识到，在亚洲大陆开战是无法获胜的。”

美国的后院是邻近各国，1962年的古巴导弹危机几乎造成毁灭全球的核子大战。美国一定是以区域霸权（Regional Hegemony）为先，第二是美国主流社会的母国，也就是欧洲各国，第三是日、韩。中国台湾要排在后面，为台湾引发中美间的交战，甚至核子战争，绝非美国利益。

基本上，中美两国利益交迭，合作远大于分歧。但是美国似乎只看到中国的日益富强，挑战美国的领导地位，却忽略中国自古就是和平、谦让的国家。这就要看双边能否产生有魄力、有先见伟大的领袖，能促成这人类史上终极和平的一大步。

中国需要美国的市场、科技、商业及管理技巧。美国接受大量的中国留学生、学者及科学家，这些人归国将成为推动中国改革最

富裕的美国人在天空中翱翔

特朗普刚上台时演讲

强大的力量——这也是美国所期待的。

日本！日本！

日本曾在各方面追随学习中国上千年，甚至文字也源自中国。1868年明治维新后放弃中国，派遣包括高官的大规模“岩仓使节团”赴欧美全力学习。实际上日本在德川幕府时期实施锁国政策达265年，直至1853—1854年始被美国海军提督培理（Matthew Perry，1794—1858）率舰强迫开关。之后14年由长达200多年的锁国转变到全面外放学习，不可不谓改变神速。基本上，近代西欧及日本的历史流程是：工业革命→资本主义→现代化→殖民主义→帝国主义。帝国主义不但是政治及经济的强势制度，也是一种信仰、一种理念。不只是军人、政客、官员、传教士、商人相信它，即使知识分子、作家、大学教授也认为他们高人一等，远胜殖民地的人民。一个国家现代化要60年至100年的时间，日本在明治维新时只不过是与泰国、缅甸相当的弱国，但不到37年，竟击败大清帝国（1895年甲午战争）及俄国（1904日俄战争）两个世界大国，跃居世界强国之林。原因是日本人具集体化意识，集体化容易指挥，日人置身于对天皇的效忠下，确能加速完成富国强兵的国策。

日本的岩仓使节团访欧美21个月后，途经大清帝国再考察各地后归国，对大清帝国的失望加深。当时影响日本思想最深的是庆应大学创办人福泽谕吉（1834—1901），有“日本的伏尔泰”之称。他的“脱亚论”主张日本脱离落后的亚洲，谢绝与大清帝国及韩国这等“恶友”交流。日本外相井上馨（1836—1915）直言：“让我们把日本人变成欧洲式人民！”而甲午战争后，日本军人以亲身经历，产生对清国的优越感，在日本国内传开一个腐败、落后、无能大清帝国的印象。

基本上，日本人认为中国人是劣等民族。一有这种观念，人命就不值钱了。日本驻台第三任总督乃木希典（1849—1912）是甲午战争陆军名将，他在日俄战争攻下旅顺203高地被尊为日本陆军军神。此位两次在大清帝国东北旅顺立战功的军人入主台湾，统治方式可想而知了。他对台湾人强行镇压，还以贩卖鸦片为主要财政收入。日人据台50年整，政府官吏由日人担任，公私大企业一概由日人控制，台北帝大及优质中学只批准极少数台湾人进入，台人娶日女或与日女恋爱几乎不可能，台湾人只能做军夫，没资格做正规军人，可说连二等公民都不如。在美国有一位日本后裔的律师亲口告诉我，他来自日本的父母灌输他歧视华人的观念。基本上，日本是单一的大和民族，不欢迎移民，尤其是比日本落后地区的人民。

日本侵略中国东北、韩国，占据台湾地区。但在此三地只发展农业，重要的重工业及军火工业还是在本土。日本彼时积极争取东南亚的石油、橡胶、金属等战略物质，不得不与英、美、法、荷等国竞争，终于导致第二次世界大战中的太平洋战争爆发。

日本人的长处是：谦和有礼、自我克制、极度整洁、有公德心、讲信用、守秩序、内敛、注重个人对团体的影响。日本人做事像德国人一样认真，甚至把做事看得“神圣”，他们常说：“你们中国人就是马马虎虎。”如果，他们歧视中国人，我们一定要自我虚心检讨为何如此，我们的缺点是什么？

日本人聚合起来，受到指导，侵略性就来了。中国虽然没有侵略他国的意图，但现今中国为了维护本国利益也是一个不承诺放弃使用武力的国家。台湾这最近20年与大陆越走越近，主体都是中华民族，日本能否抓住台湾实在是大问号。如果大陆与台湾联合，封锁高雄港及基隆港，日本生命线的海上交通即受威胁，因为日本的工业原料多由南洋及中东输入。

其实中日相邻，文化习俗相近，利益的一致性要远超过彼此的分歧。日本应认清形势，尽量与中国协调，否则后果不堪设想，保持大和民族的生存比任何事都更重要。与中国为敌伤了自己，美国不可能为日本牺牲自己的子弟，因为日本不是欧洲国家。我居美多年，深刻了解西方人，日本必须认清这重要而基本的观念。

俄罗斯与印度谁是“强邻”？

俄罗斯横亘欧亚大陆，但与欧洲及亚洲国家都处不好。中国在新中国建国初期与苏联关系最密切，1960年出现分歧，苏联撤走全部在华援助计划及人员，后更爆发珍宝岛冲突，交恶30多年。中国战略地位因而转向美国，是近几十年最重要的地缘政治重组。走笔至此，如果回想一下，百年来中美日俄四大国之间，相互时我时敌，错综复杂而重叠，就可清晰意会到俗语所谓：“国际之间没有永远的朋友，也没有永远的敌人。”——也就是没有道义。

中国有世界上最多的人口，也就是最丰富的劳动力，俄罗斯有世界上最辽阔的国土及最丰富的地下资源。自古以来，中国的祸害都来自北方，有人质疑：现时中俄是同盟，还是战略伙伴？是合作，还是相互利用？其实对不同的种族与国家，这种问题只有一个答案：就是本身利弊的考虑。我们人与人之间最可贵的就是爱、同情、道义，在国际间这些难以存在。各位同学年轻，我非老奸巨滑，但不能不“不厌其烦”地开导及提醒你。

但是中俄两国成为战略伙伴，足以成为世界和平的正能量要素。

中国和印度是人口最多的两个国家，合起来约占世界人口37%。印度人平均年龄27岁，相对于中国的32.5岁及美国的37岁，可说相当年轻。印度有五千年的文明，曾在宗教（佛教）、哲学与艺术方面影响过中国，但中国文化对印度并无影响。印度人一直深受宗教影响，如今80%是旧称婆罗门教的印度教徒，伊斯兰教徒约15%，佛教徒不及1%。基督教与伊斯兰教是一神教，佛教是无神论，印度教则有3.3亿个神。基本上，印度人有些像美国的印第安人，重视精神世界，克服物质欲望，实践“梵我合一”，提倡非暴力及宽容。印度人有浓厚的浪漫主义及理想主义的趋向，这反映在宝莱坞（Bollywood）的影片中。“宝莱坞”名源自好莱坞（Hollywood），是世界上最大的影片生产地（每年1100部），产品都是浪漫的歌舞片。

印度的社会也充满自由主义的个人色彩，重个人，轻团体，是各自为政的“区分”。除了对3亿多个不同的神的崇拜，还有100多个民族，超过1650种语言，超过750个政党……要团结可真不容易啊！印度人多是雅利安人（Aryan）后裔的白种人，因为迁入热带数千年晒黑，但体格构造及面部五官还是白种人。他们有“种性制度”（Caste System，最高婆罗门，最低不入流是贱民），也对女性严重歧视，甚至中国封建社会“女人饿死事小，失节事大”那种观念，在今日印度还是被推崇的。此外，印度人有业报及轮回的观念，也多吃素食。他们相信来世，相信投胎，幻化许多神灵，花费大量金钱及时间精力来取悦供奉神灵。他们重精神轻物质，重内容轻外表，重目的轻表达，所以不重视时间，不重视秩序，生活散漫，肮脏，不守时，不注重效率。举例：火车外壳上挂满了人，误点数小时是正常现象，有一次竟然准时开进站，全体候车乘客欢呼——火车整整慢了24小时。例二，前几年印度尚无高速公路，旅行团前往泰姬玛哈陵走对开公路。司机是个60多岁的老家伙，开得飞快，大家心里害怕不作声，于是我趋前要他开慢点儿，他竟然说没关系。我告诉他一车都是美国来的，不习惯这种危险驾驶，我遗书都已写好，英文的，你看得懂。他见我不爽，赔笑脸慢下来。

印度人的数理计算及推理逻辑力都强，在计算机软件上更是杰出。美国加州硅谷是世界计算机科技中心，教育程度、薪资及房价都是全美最高。计算机与集成电路（Integrate Circuit，简称IC）息息相关，如今硅谷是印度人与中国人的天下，西方白人是少数，所以IC也就是Indian and Chinese。印度人在硅谷的公司里要比中国人成功，原因是英语程度高（原英属地，就像香港人比其他地区中国人要西方化），能说，拍上级马屁更是一流，中国人则敬业及老实得多。然而在印度国内，这些印度菁英却无法建成一个有效的社会制度。印度被英国殖民统治近二百年，并未学到盎格鲁-撒克逊族的优点。反而，超脱的宗教迷信、强烈的个人自我及深入人心的种性等级观念，令印度成为低收入的落后国家，外交上坚持“不结盟”路线，忽左忽右，忽美忽俄。

忽略欧洲?

欧洲面积相近于中国或美国，人口是美国的2.3倍，但只是中国的一半。中国有那么多不同省份、不同方言及南北不同长相，却是一个国家，欧洲则分为约50个国家，主要四大民族是：拉丁民族、斯拉夫民族、盎格鲁-撒克逊民族、北欧的斯堪地那维亚民族。因为分成那么多国家，相互竞争、学习及交流，文化及科技也因此发达。欧洲曾经历长达1000年的宗教黑暗时期，但是自15世纪的文艺复兴、16世纪的宗教改革、17世纪的科学革命、18世纪的启蒙运动（The Enlightenment）及18至19世纪的工业革命后，开始领先世界。然而，近百年的两次世界大战均源于欧洲——不同的民族、不同的语言、不同的宗教令他们四分五裂，也很容易被分化，各个击破。近年来有欧盟及欧元的出现，但是西欧主要国家如英、法、德竟加入中国主导的亚投行（亚洲基础设施投资银行，AIIB），且“一带一路”也连接欧洲及亚洲。由此看出全球地缘政治的板块移动。欧盟可比作一个失败的婚姻，离婚成本太高，只好拖下去。实际上，在商言商，美日都将受惠于亚投行及“一带一路”。

1999年初，欧元诞生，如今世界上23%的贸易结算已使用欧元，现在中国的“一带一路”及“亚投行”都是人民币国际化的前奏。另外，阿里巴巴倡导的支付宝网购方式可能成为新的交易方式。换句话说，大数据、移动互联网、物联网等新技术可能取代货币成为新交易载体。中国在电子商务、社交媒体及物流系统方面欣欣向荣，可以领导全球进入新的资本流通方式。也就是说，以后货币与互联网的角色将混淆不明，美元的世界货币地位会受到影响。3D打印机改变了生产方式，物联网也将改变交易方式，世界必然要发生基本性变化。

欧洲在艺术、文化、学术及科技方面都领先世界，有太多的长处值得学习，忽略欧洲绝非智举。中国近百年一直重美日而轻欧洲，如果中国真正要走上世界大国之路，必须面面兼顾，努力训练专精欧洲的人才，派去欧洲交流沟通及学习。

最后，谈谈东南亚各国，它们分为12个国家，人种、语言、宗教、亲近大国各异，所谓“东盟”的十国，一向会议模式都是随和及友好，但并无统一坚定的立场。除以华人为主的新加坡外，这些东南亚国家都较为贫穷无害，他们是中国的后院，保持后院的安全及平衡非常重要，这后院实际上还有美、日、俄及印度的势力。我深信中国将组合东南亚各国成为东方的欧盟，这样对他们的未来发展一定有利。他们必须要以中国（或日本）的发展为学习榜样，因为文化不同，学习西方很困难。况且中国一直是协助弱小，不是侵略及殖民弱国。

台湾与大陆

台湾与大陆同文同种，以汉族人为主体。

英国人统治香港 156年（1841—1997），并未消灭中国的语言及习俗，基层官吏都是老广，所以香港人至今相信中药，冬令进补，尊崇中国文化。台湾情形极为不同，台湾人本是留大辫子的大清帝国人，日本统治台湾50年（1895—1945），强制执行同化及皇民化措施，要台湾人说国语（日语）、穿和服、住日式房子、放弃台湾民间信仰和烧毁祖先牌位、改信日本神道，改为日本姓名，及向日皇效忠效死等。“二战”后，台湾人又变回为中国人。如此变化，严重地扭曲了台湾人的心理情境。

今天的台湾人有礼貌，守秩序，讲情义，乐于助人，赢得大陆游客普遍的赞许，也被认为是世界上最友善的华人群体。台湾人姓王、姓陈、姓李，最大的宗教是源自中国的道教，语言就是中国的闽南语。大陆逐渐与台湾关系越来越深，原因如下：

（1）由台商开始，目前台湾有近1/10人口（200万）居住大陆，多为台商公司员工及其家属，都是白领阶级。台湾出口贸易40%去大陆，美国只10%；进口也是大陆第一（16.5%），美国第五（6.8%）。而且现在每年有三百万大陆人在台湾观光旅游，是日本观光客的一倍。

（2）同文同种沟通容易，如在中国人公司做软件开发，工厂管理等工作，外国人不懂中文就相当困难。

（3）大陆已然强大，形势比人强。以后台商与大陆的关系应该逐渐会被两岸行政部门取代，不论蓝绿，都极度重视与大陆的关系，只是不便公开说，其实两岸华人心态及作风大同小异。大陆再继续强大，台湾望风转舵的政客都会浮上桌面，有些以往言行过激的会尽量想办法，偷偷找门路戴罪立功，请各位拭目以待笑剧登场。

台湾与大陆的最后关系不外：

（1）武力统一。1949年之前国共内战是全方位武力相见，自此近70年相安无事，主要原因是台湾海峡的地理隔离，以及美军协防。如果现在再以军事达成统一，那是走回头路，海峡两岸双方都不愿见的。那种兵临城下、将至壕边的味道不是好受的。我在美国联邦政府任官多年，也常去欧洲，又教授西方文学课程，深知欧美人不会帮台湾。因为台湾和他们本来就不是同林鸟，大难临头谁要和谁同飞？

（2）水到渠成的统一。中国在统一后，政府要善待台湾人民，要谅解台湾人这数百年来做亚细亚孤儿的苦楚。作为一个大国“惟仁者能以大事小”（《孟子·梁惠王下》）。以大事小，保天下。

中华民族的全球化

中华人民共和国建国迄今68年，对内及对外五场战争，三场全胜，包括：西藏解放（西藏多年曾是英国及印度势力范围）、中印边境战争、对越自卫反击战；另外两场平手：抗美援朝、中苏珍宝岛冲突。如今战争形态转为科技战，中国在科技武器方面的进展只逊于美国，与俄罗斯接近。还有一点，实力取决于动用实力的意志，这一点中国很明白。近两年来，中国频频在南海群岛及钓鱼岛海域做出宣示主权的行动，就是表明中国的态度。基本上，海上冲突演变为全面战争的可能性不大，船舰最快时速只有35节（时速65公里），还比不上小汽车。由海上登陆占领敌国更是困难。所以海洋是一种“阻止的力量”（Stopping Power）。中日及东南亚各国现在关注海洋中的小岛，是因为陆地国界均已划定。海上船舰攻击相当危险，失败率极高，例如仅仅一枚东风21D导弹即可击沉一艘航空母舰，航母舰载可达5000多人，当年日本偷袭珍珠港，美国才死亡约2400名海军——一般航母等于两个珍珠港。

现在中国走上关注全球的战略立场。多年前一位美国教授郑重地对我这台湾来美的留学生说：“21世纪将是中国人的世纪。”年轻的我当时觉得有没有搞错啊，一穷二白的中国凭什么？如今，面对即使是世界第二大经济体的中国，我仍然有所保留。

强大的国家必须是经济、教育、人文、科技、价值观及政府的综合体现。蒙古民族曾建立人类史上横跨欧亚最辽阔的帝国，就因

歼31——中国的第五代战机

东风21D 导弹 ——“航母杀手”

文化不足，科技无进展，之后落后于世界。中国能不以为戒吗？15世纪郑和下西洋探究时，中国尚是全世界最强盛、最先进的国家。中国人一定很失望发现其他各地如此落后，可能就此决定关门，再等五百年看看世界开化否。直到18世纪，中国的国民所得还与英国不相上下。然而那时开始闭门锁国已令大清帝国走下坡了，而且江河日下，演变为次殖民地。

近二百年来，从开始与西方接触，中国一直都是全球化被动的一方。然而近20年中国成为留学生最多的国家；2013年中国出境旅游达到一亿人。我在巴黎的博物馆看见十数个中国小孩坐在地上，安静地面对一张画临摹，带队老师告诉我是南方小镇来的中等家庭孩子，因为出一趟国只花三万人民币，家长都愿意花这笔钱。中国对海外投资也是全世界增长最快的国家……为什么要由锁国转变到开放，要冒这个险？高层的动机是从哪里来的？其中有一个重要因素的推动，那就是中国的现代化及工业化。

中国积极走向全球化，我个人对年轻人有以下建议，基本上是鼓励各位培养向外扩充的心态。所谓向外扩充并不是军事侵略，而是探索及领导。

（1）尽量充实自己的世界知识及见识，除了通过阅读、电影、电视及网络取得世界知识外，也在旅行中参观各地博物馆。实际上我希望中国能斥巨资在北部、中部（京沪地区）及南部建造精美设计的大型世界博物馆，将各国各地的历史、地理、文化风俗、景色、变迁、政治经济军事囊括在内。让中国各地民众特别是学生去参观，有深入人心的初步见识，以后出国再印证所见。如今3D打印进步，展示品的制造应不困难。

（2）我国自古以来以和平为原则，从不侵略邻国，只备战及应战，但不求战。然而战争是无法避免的，有统计近数百年来，世界上每天都有战争。中国的大学生要有进入战争的心理准备，应该重视军事教育，同时主动参与军事相关活动或训练，以熟悉及亲近军队环境。我个人在台湾念大学时接受预备军官训练，毕业后，分派在台湾野战部队第51轻装师步兵连任少尉军官带兵，就是冲锋陷阵那种草莽式的任务。虽然短短不到两年，对我的成长有极大帮助——变得有纪律、有组织、有责任感、有爱国爱民族心，学会服从也学会指挥（这是德国人常自炫的优点）。现在战争形态快速转变为科技为主，所以我建议同学也注意涉猎与科技有关的军事知识。

（3）一定要记得领导者（leader，不只是经理人manager）有回报及付出（to give）之心，不能只是收取（to take）。

（4）学习西方人及日本人在气质、教养与礼仪方面的长处，以提高个人素质。领导者不是只有外表的强势，书念得好，或有一个强大的祖国做后盾。更重要的还是个人要有良好的气质及仗义施助他人之心，才能服人。常看外国电影最能潜移默化，令你学到发达国家人民的教养及举止。

（5）如我在成大毕业生纪念册上所言："人最大的危险就是不冒险。"与外国人来往，合理的冒险会令他们尊重你，这种冒险有时也就是一种创造力的表现。近日看鲁豫访问美国驻华鲍克斯大使夫人，她也说希望中国女青年不要惧怕，要冒险。这和我的想法相同。我觉得中国青年常处于被动状态，我要你像美国青年一样主动。如何主动？你在前面13章中琢磨出一些答案来，还要有你独到的想法。

堂堂溪水出前村

近两千年来，世界被两个伟大的民族深远的影响：犹太人影响基督教及西方，中国的儒家影响东亚洲。我要你分析一下：为什么西方在15世纪文艺复兴之后就走在世界前端？为什么16世纪创出的新教（Protestant，即俗称基督教）超越先入的天主教及东正教？为什么学习中国上千年的日本在近百年曾两度重创中国？为什么马克思思想在20世纪曾成为如此多国家的执政主轴？是什么特质令他们成功？

还有，为什么中国由一个次殖民地国家演变到今日的强盛？这关键因素何在？请与友人、教授、家长及年长的智者相互讨论。

“万山不许一溪奔，拦得溪声日夜喧。到得前头山脚尽，堂堂溪水出前村。”（南宋杨万里《桂源铺》）这是中国今日及明日的写照吗？你告诉我。

中国！中国！

第15章

你的一生
该如何度过

If winter comes, can spring be far behind?

——雪莱《西风颂》

电子计算机这些玩意儿日新月异，是年轻人的天下。有一种说法把男人的能力、年龄和各种品牌连接在一起：男人二三十岁是奔腾，四十岁是日立，五十岁是微软，六十岁是松下，七十岁是联想。还有一种说法：到了六十岁官大官小都一样（反正要退休了），七十岁男人女人都一样（反正性能力退化），八十岁有钱没钱都一样（有钱也没办法花了），九十岁活的和死的都一样。

对于青年、中年、老年的归类，中外各种说法不一，年代不同归类年龄也不同。这是因为社会令人成熟快慢不同，人的健康及寿命也一直在改进——“人生七十古来稀”，那时七十可真是稀啊！

毕业纪念册赠语——青年期

我2013年应台湾成功大学毕业生之邀，在毕业纪念册上题词：

人最大的危险就是不冒险

你们毕业后，刚进入职场及在社会上打滚那些年，你要冒险，因为人最大的危险就是不冒险。这时你年纪轻，不论在资产、名分、声誉、地位各方面都积聚有限，又无养家、房贷等后顾之忧，真是大好机会啊！如果冒险失败了，你能损失的有限，顶多喝一阵子西北风，你还有时间及机会咸鱼翻身。不要忘记这句老话："失败乃成功之母。"

你要开始练习同时做几件事，不要做完一件才开始下一件。现在的社会越来越复杂，许多事要同时并进，追求完美有时就是追求麻烦，追求失败。你要追求的是里程碑，不是墓碑。

男同学脸皮要厚，你以后要做情人、做丈夫、做父亲，脸皮薄怎么行？你要对自己有信心，千万不要谦虚，自贬身价："进一步，海阔天空。"不要养成占小便宜、说小谎的习惯，那个格局小，不是男子汉行为。

女同学永远要注意自己的仪表举止——眼镜、整牙、穿着、色彩甚至整形都重要。为什么？男人看女人永远先注意外表及仪态，如说最注重内在美那是谎言或一时糊涂。女人看男人是看魄力、经济、相处、学问、性格，男人的外表可能排到第四、第五。

这样的题词刊登在保守的、传统的、南部的、连续22年获得台湾企业界最爱大学的毕业纪念册上是否合宜？你去想吧！反正他们登出来了。

青年时期大约是十七八岁到39岁，台湾十大杰出青年的选拔标准多是18岁至40岁。这段时期有22年，念大学或研究所、恋爱、服兵役、就职（或创业）、结婚、买房、买股票、生子——是成长，也是奋斗、挣扎。实际上30多岁已够成熟。尼克松（Richard Nixon，1913—1994）是39岁当选美国副总统，肯尼迪（John Kennedy，1917—1963）43岁当选美国总统。历史上亚历山大大帝及拿破仑都是35岁之前即已成大业。

在无战争的和平时代，青年时期最重要的应是就职及婚姻。这时期你可能出国读书或就业，出国念研究所多是美国、英国，出国就业多是美国、澳大利亚、新加坡。

如果留在国内就业，比较重要的是找到适合自己的工作。所谓“适合”就是“喜欢”及“胜任”，喜欢就会心情愉快，胜任就会以后在职场上有发展。如果待遇不够高，那要评估以下数点：

- 这行业以后是否有发展，还是走下坡路的夕阳行业。如是夕阳，无限好也要想办法离开，因为你还有数十年的职场生活，收入要靠薪水。自己创业做小生意起家，更要看清楚：比如洗照片店及租电影片这两个行业，至今何在？现在网上阅读是趋势，小出版社及印刷行业的前途无亮或有亮？

- 这公司是否学到技能，以后可以跳槽。或，这公司以后有没有希望？比如加薪或股票？这公司能不能在职进修或带职进修？

- 如果是有前途的行业，能不能全面学习以后跳出去自己创业——当然，你得是那种创业的人。

● 个人有多依赖这份收入，比如配偶有好收入或祖荫茂密，都是考虑因素。我的儿子在美国高中毕业时，SAT考试成绩数理比文科要高非常多，可能他的父母是工程，姐姐是免疫医学，有这数理基因。但他入加州大学念欧洲历史，毕业后又到艺术学院再念一艺术学位。如今在微软的西雅图总部担任艺术工作，薪酬可能比不上软件或网络工程师，但他工作愉快，不愁钱不够多。而且微软重视他。

你告诉我还要考虑什么？可能是你的个人因素，比如异性近水楼台，比如容易混及兼职，比如……

谈到交友及婚姻，台湾的男子平均“初婚”年龄是31.9岁，女性是29.5岁。“初胎年龄”近30岁。目前我国“70后”平均结婚年龄在29.6岁，初胎年龄在25岁至29岁。然而，最适当的生育年龄是25岁左右，32岁后受孕机会下降，34岁初孕则婴儿唐氏症（Down Syndrome，John Down是19世纪英国医生）几率增加。晚婚是发达国家的趋势，当然和教育程度、价值观念、工作加重有关。我国与欧美日本等发达国家相比，初婚年龄略低。落后国家早婚，因为他们也活不了那么长，非洲有些国家平均寿命只有三十几岁。

也因为教育、工作、价值观念，离婚率及不婚同居也提高。台湾的离婚率是每千人2.4对，在全球各地区中排第二或第三，但其中四分之一是外籍配偶，所以有些是假结婚后离婚。大陆则是自2003年以来，离婚率已经连续12年呈递增状态，“80后”正成为离婚大潮中的“主力军”。

有研究指出35岁至40岁是职场上生产力最高的阶段，但另有一研究指出在许多大公司及公家机构的工作效率只达30%，其他70%

是喝茶、走动、聊天、做白日梦、思索发呆……所以，你如果是个努力有表现的年轻人，这时应尽量争取升级加薪，奠定基础，不要谦让客气，因为是金字塔，越上去机会越少。理财方面因收入及存款尚不多，能做的有限。但是如果有了家，买房及保险是你对家人的基本责任及承诺。保险以基本保障险种为主，储蓄及投资型的人寿险要仔细考虑，因为保险业的功能并非储蓄及投资，所以它们的投资绩效有限。你如果够聪明，投资理财自己来做就好。

如果可能，想办法争取进入一个起码二流的大学，由三四流大学转学入二流，多念一年也划得来。我曾劝台湾的大学生，毕业后如果在台湾找不到理想的工作，就要争取去大陆就业，因为去大陆工作比去美国西岸要容易得多，同文同种，又没有时差。海峡两岸的华人经济体已然形成，就业人口将在两地跨域自由流动。因为交通便利，“一周生活圈”更将形成。

陆资来台设公司，一定会优先雇用曾有大陆经验的台湾人，不必雇大陆人来台，大陆台商也是一样，在雇大陆人做领导的越来越多。已婚者为了家庭和乐，最好夫妻一起跨海就职，否则每个月起码见面一次。

总体说来，青年人应长于发明及创见，但判断力比不上中年人，更比不上老年人，适合进入新领域、新计划，并不适合待在固定的岗位上。青年人有精力及热忱去执行工作计划，但不是商讨的好对象。这些都和经验及稳定性有关——但“少年老成”的不在此列。建中同届胡同学年轻时就四平八稳，摇头晃脑，走路手背在身后，而且年轻时就长得一副老相（现在还是一副老相，没变）。他的讨论及结论永远是不痛不痒、了无新意。

战场——中年期

“美国是儿童的乐园，中年人的战场，老年人的坟墓！”这话你当然听过。但不适用于我国，你告诉我该怎么样形容国人？《论语》里孔子曰：“吾十有五而志于学，三十而立，四十而不惑，五十而知天命，六十而耳顺，七十而从心所欲，不逾矩。”真的吗？中年由四十开始，我看许多不惑之年的中年人迷惑地站在十字路口。

我国以六十耳顺之年为法定老年，许多老人优待及福利登场。但世界卫生组织（WHO）及发达国家都定65岁为老年，所以中年是40岁到65岁。英美大学曾联合对70个国家做超大型调查，发现快乐指数与年龄相关呈U字形：十几、二十岁快乐，30岁下降，44岁最低，50岁开始回升，60岁回到20岁高点。三四十岁不快乐是因为成家、房屋贷款、职场竞争、孩子进入叛逆期、夫妻磨合不够常吵架、同侪好消息的压力、自知年轻时梦想已无望实现，还有开始听到生老病死，等等。中年时期心理的困惑及初期生理衰退成为“中年危机”的因素：如老花、中宽、皱纹、不举、五十肩、谢顶、下消等现象开始出现。但也颇有一些中年人认为“黄金时期”来临了！这是因为青年时有幻想，有期望，因经验不够而看事不明，老年时已接受尘埃落定的事实；只有中年苦乐参半，精神、体力、经验、经济都上轨，所以生命改变几率最大。一飞冲天就是这时，向下沉沦也是这时。老吴被裁员后在黑人区开了第一家麦当劳，如今有几十家，每年捐款就是百万美元上下，在华人圈是领袖之一。我另外有两个朋友，一路名校到美国的专业博士，妻子更是人中佼佼。但20世纪90年代美苏冷战结束，军火及有关工业大量裁员，下了岗就一直找不到工作了！没离婚，因为我们那一代华人不离婚。但是每天在家里穿着睡衣等太太下班，一等十几年，我看心里不会好受，那女的也不会好受。

即使没有行业不景气，中年人也常成为公司减肥或企业转型的牺牲品。公司雇用年轻人，又便宜又好用。中年被裁！家累、面子、心理、怀疑都来了。该怎么办？两条路：收集证据、缺点、漏洞找律师打官司告公司，先混一阵子，骑马找马：或接受事实打包，去干个小事打发以后的日子。一般说来，谁走谁不走大约是公平的。这是命运，我们都得接受，没有走绝路的必要。

美国最有名的舞台剧是《推销员之死》（*Death of a Saleman*）。剧作者阿瑟·米勒（Arthur Miller，1915—2005）曾是性感女星玛丽莲·梦露的丈夫。剧中主人翁是中老年的推销员，为家庭拼老命。但时不我与，年轻的小老板上台后就裁掉他。走投无路之下，竟以自杀欲将人寿保险金供大儿子去立业，其实自杀保险公司不理赔。这种小人物的死根本不会有人会去注意，甚至没有人怜悯，充分地表现了资本主义社会冷酷无情的一面。

“公无渡河，公竟渡河，渡河而死，其奈公何！”（东汉乐府《箜篌引》）。这里，我们永远不会知道渡河对“公”为何如此重要，冒生命之险也要渡。如果在“公”生前问他，他会冷笑一声：“你们不懂，问也白问。”以死亡及无奈为审美的对象，在中国文学里并不多见。飞蛾扑火，因为火在那儿；公竟渡河，因为河在那里。人到中年会有最后一搏的心境，胸怀大志的人终于发现，这是他进入老年最后的机会了。不管成不成功，抛妻弃子，不惜玉碎。这种心态并不多见，但是会发生。如果你是他的配偶或家人，你要怎么做？余生也不幸，在一个承平时代，难有作为，也会羡慕那些有大作为的人，几乎都在中年登峰。

自然科学的创造力在青年时期达到高峰，但人文及社会学科的创造力要在中年才进入高峰，所以诺贝尔科学奖项（物理、化学、生理学或医学、经济四项）的得奖者有年轻到只有25岁；李政道、杨振宁、丁肇中也都是三十多岁即得奖。而文学奖最年轻的得奖者是英人吉卜龄（Joseph Kipling，1865—1936）在42岁那年才得奖，写《局外人》的法国人加缪（Albert Camus，1913—1960）43岁得奖。这也说明了青年与中年在科技及人文上的差别，你要赶路，还是等待？

老年——天堂或地狱

人是一种奔向死亡的存在！

——德国哲学家海德格尔

所以，所以老年是通往地狱的天堂，还是通往天堂的地狱？

网络上常看到一些给老年人的忠告（多配以美景及温柔的小提琴音乐），比如说要轻松淡泊，要宽容，不要靠子女，不要唠叨，要花钱游山玩水，要正面面对不免之一死等。反正都是消极、松懈，认命的劝告。我还要加一条，就是“不要随地吐痰”——因为老年人喉咙都不太好。我才不去听这些，我要拼老命，拼到挂点为止。我父亲是作家，90岁那年还由某大出版社出了本书。

因为这些箴言都是老生常谈，说了没说都一样。电影里，一个年轻抢匪对追捕不懈的老警长说：“Your time is over, mine just get started!”是吗？体力及精神反应工作是如此，脑力工作未必吧。我有时对学生说：“这些年我头发白了很多，但智慧没有增加。”每个人不一样，我是有感而发，对错由学生去判断。

一般说来，基因、信仰、食物、运动、婚姻五项影响到寿命。百岁人瑞在性情上常是外向、积极，年轻时就有责任心的人，此外热爱自己的工作也产生愉快及长寿。各位由签到那天开始，到挂点签出大概会超过90年。活多少才够本儿？85？90？95？100？我们来到这世界是偶然，离开这世界是必然。一个人拼命工作，没有享受周遭美景、美人、美事，忽然 drop dead。有人会说："多划不来啊！"我却认为没什么不对，工作本身就是一种享受，一种乐趣，还有一种乐趣是学习。年轻时着重享乐，中年以后工作狂热起来，变成workholic，老年可能更喜爱工作。

我退休以后还想开一间棺材店，造福老友。

我们无法希望每个人都活到老年，有些年轻的生命在瞬间消失，一个战争会取走更多年轻的生命。如果活到老年，超过了某一个年龄，比如90岁，或身有重疾，想干什么就干什么。作为家人，不要再阻止，让他快乐。先慈有糖尿病，中风后，身体逐渐衰弱，脑子也不清楚，我很后悔因为没有这种对付老人的经验，没让她索性随心吃，顶多少活一年，快乐就好——八九十岁了，哪差那一年呢？我们人到老年都会缩小，变矮，70岁缩2.5厘米正常，80多岁缩5厘米正常，90多岁缩个十几厘米，但不会缩到零——那是不可思议的。

老人不再在乎别人的想法，他们的朋友都走了，存下的相聚也困难，下一代对老人也没兴趣，只是应付。他变成自己的朋友，变成计算机的朋友，每天重复地听20世纪50年代的歌曲，想睡，想大声唱，想哭，都可以，他已完全自由了！

终站——青鸟飞走了

有人写过一个小故事：有条蛇把一只青蛙逼到墙角，张开大嘴等待着，你会好奇青蛙要怎么做，蛇要怎么做？忽然，青蛙纵身一跳，入了蛇口……它决定不必打这场赢不了的战争了。

拥抱死亡是什么滋味？没有人从墙的那边过来，所以我们不知道那边是什么光景。虽然，我们不是为了死亡而生存，我们生存是为了享受这光彩夺目、千红万紫的华丽人间，但终点还是会来临。如果没有宗教，你要如何面对死亡？

基督教的《新约》说明上帝憎恨死亡，把死亡视为仇敌，“The last enemy that shall be destroyed is death.”(《哥多林前书》)。然而上帝也认可人必须要面对死亡，他对亚当说："for dust thou art, and unto dust shalt thou return."（你本是尘土，仍要归于尘土。）(《创世记》)。但是“that there shall be a resurrection of the dead, both of the just and the unjust.”（靠着上帝，盼望死者，无论善恶，都要复活。）(《使读徒行传》)。这种死后复活，或者佛教的来世之说，回教及道教的灵肉二元论，都一再说明了死亡只是肉体，并非灵魂，灵魂可脱离躯体而独立存在。然而，有些科学家有不同想法，认为灵魂主宰人的思想、行为、精神、感情等，但灵魂会随着个体的死亡消失。

世界上最强烈的爱情小说应是埃米莉·勃朗特（Emily Bronte, 1818—1848）的《呼啸山庄》(*Wuthering Heights*)。在那个超越时空、超越死亡、永恒的悲剧里，男女主角各有婚嫁，女主角凯瑟琳不情愿地死去后，爱恨交织的赫斯克里夫，竟在雪夜掘开凯瑟琳的坟墓，只为再看一次情人的面容。他不吃不喝，故意折磨自己，激动地等待死神的召唤，就是为了和死去的凯瑟琳相会。而凯瑟琳死后变成鬼魂，在呼啸山庄和画眉山庄的旷野里游荡达20年之久，等待着赫斯克里夫。

肉体终止而意识并未终止的学说自古即存在。意识也就是俗称的灵魂。近年美国北卡州一位医学院名教授Robert Lanza（1956— ）言称从量子力学角度出发，有足够证据证明人死后并未消失，死亡只是人类意识造成的幻象。人的意识在心跳、血液停止活动后仍可活动，而且可以在对等的多重宇宙（Multiple Universe）中同时进行。只是我们无法跨越到另一个时空，所以无法“看到”多重宇宙。我个人的感觉是：如果我们无法明确地界定死亡、生命及灵魂，不能接受现有的、传统的、唯物的定义，那这个问题就是没完没了，成为一个哲学上及宗教上的纠结，只是披着量子力学的科学外衣。我是单纯及实事求是的人，让复杂的你来探讨这个迷惑的意念吧！

如此，我给你大略勾画了这趟旅程。每个人境遇不同，命运不同，人生观更是相异。你一路走来，最后走进一间空荡荡的大厅，光华洁亮的石地，高挑的屋顶天花板，清冷的空气，许多回音，许多回忆，许多欢愉，许多愤怒……于是你凄然笑了：“啊！终于……终于泫然落幕，那只栖于园中枝头的青鸟也已飞走了！”

附录1

成功大学与橄榄球

我在大学开的课有一门是“散文及小说写作”，自己却少写散文，现在要写几篇，就以台南成大为背景，写我最熟悉的橄榄球运动。

成功大学（以下简称成大）四年可以说是不愉快的四年，只有任橄榄球校队主将带给我快乐及回忆。不愉快的原因有二，第一是对工学院的课程没兴趣，但是毕业于建中，当年同学间无形的压力只能考理工医。第二是那时成大刚脱胎于台南工学院不到十年，所以男女生比例为十六比一。我成绩极不好，又去追一个北一女保送来、一路第一名、微积分创全校有史最高分的女生，是男生指定的“十要”榜首（当然也有“十不要”）。所以在过江之鲫中，想要跃龙门那种艰辛可想而知，比打橄榄球还辛苦。后来这个女生在美国留学时还是嫁给我，只是她对我当年打橄榄球的英勇与艰辛毫无赞扬，无感觉。

橄榄球在台湾或中国大陆均极不普遍。绝大多数中国人不知道球则，只认为是一项野蛮的运动，互相推撞，属海明威笔下斗牛、猎狮、深海钓大鱼、战争……同格的男性化刚强竞争。老子戒刚强，说："物壮则老。是谓不道，不道早亡。"又言："善者，果而已，不敢以取强，果而勿矜，果而勿伐；果而勿骄，果而不得已，果而勿强之语。"实际上橄榄球不完全靠蛮横：闪躲的技巧，整体的作战策略更为重要。我记得建中高班蔡姓学长不过165厘米及55公斤，似乎高二就打到国家代表队。他在人堆里钻来钻去，撂倒他可是不容易。后来他在日本及美国行医，我想该是位头脑冷静的好医生。

橄榄球因有剧烈身体接触，撂倒、推撞、乱集团争夺等动作，所以是除拳击外最容易受伤的运动，然而我从未看到因对方攻击而发脾气或是互相殴斗，因为橄榄球员注重荣誉，正面冲突，不躲避，不搞小动作，绝对尊重对手，自我控制，否则就不配拥有打橄榄球的资格。橄榄球运动源自英国，是一项"绅士们所进行的野蛮运动"。一旦决定两对的比赛时间、地点后，不论下大雨、刮大风、下子弹，都一定照常举行。在我念高中、大学时代，球场规则是就算受伤退下去，也不能替换，由剩下队友继续作战，直到下半场才准补人。所以不可以因为一点小伤就退场，这样会对己方不利，对对方而言也是不敬的行为。这个运动注重团体作战，没有个人英雄，鲜有明星球员出现。

1930年日本西部橄榄球协会成立台湾支部，正式引进此运动。1941年全日本高校橄榄球大赛，建中前身台北一中击败福冈高校获全日冠军。台北一中球员全为日本人子弟，我们台湾人是没资格入一中的（后来放宽，每年限收五名。）光复后建中队在中学联赛曾蝉连第一届至第十九届全省冠军，如果第二十届再得冠军，则银杯永远保存。但是第二十届败给实力坚强的台南市长荣中学，全体建中队员及教练剃了光头向建中及校友谢罪。因为连得十九届冠军，所以各大学球队在召募球员时常以建中毕业生为对象，不管是否曾为建中校队。也因其他各中学强队清一色不是学术性高中——附中、台南一中、台中一中、新竹中学、高雄中学等彼时均无橄榄球队，现在可能还是没有。而那时大学少，录取率非常低，非学术高中的橄榄球校队不太可能考上大学。黄春明曾是罗东中学的橄榄球校队队员，我请他来大学演讲，他没讲小说写作，却大谈当年罗中如何想击败建中队——全省均以击败建中为目标。

橄榄球因由日本传入台湾，所以所有术语均以大和英语发音，比如橄榄球Rugby念成“喇孤毕”，撂人抢球Tackle念成“塔枯陆”，前锋第一排First念成“法斯豆”；最妙的是犯规Penalty念成“披鸭立地”，踢罚球Try念成“土赖”。因为大陆那时无此运动，所以早年外省人不打橄榄球，各校队球员都是台湾人。最先球队用日语发音，后来改成台语发音。我是校队中极少数的外省人，其实是“半山”，因为先慈是台湾人。我的观察是橄榄球员大多比较土气、粗犷、直率、憨厚，没有篮球员或足球员的摩登和帅气。训练比其他球员要艰苦许多，否则如何忍受得了那种冲撞？球员另一主要锻炼是速度及耐力，因为不到上半场结束不得换人（受伤退场也不准补人）。我们那时每天下课都练球，一上来先跑五千米。有个球员也在田径校队，他告诉我们，大家的速度有一半以上可以参加中上运动会。其实橄榄球校队很少只专一种运动的。

我在大二时赴台北参加联赛。赛程中正值主科“应用力学”的期中考，向那位福州口音、教书一级烂的教授请假补考，他竟然不高兴，不置可否。我不管，立刻赴北参赛，得到大专组亚军归来。教授很勉强地准我补考，（凭什么不准？）学期终了送了我一个六十分及格。我现在大学教书，对修我课的各种校队同学特别鼓励，我的作风真是不错啊！

成大队彼时一直没有正式教练，校长认为这是种野蛮的运动。幸好台南市橄榄球运动盛行，所以南市队的国手如杨水生先生、丘汉生先生（亦是成大土木系毕业）有时来校指导。我们后来采用一种叫“拿破仑”的阵式，是交叉传球困惑及误导对方的战术。这种阵式是否像宋江阵或八卦阵，令敌方攻入后迷宫，飞砂走石接踵而来，一片凄风苦雨呢？我看是说不上。因为我们不是诸葛武侯那类多计之士。

我打过两个位置，一个是“争球前卫”，那是在乱集团争球我方获球后，由地上拾球快速传给后卫，有时用“鱼跃式传球”，姿态相当优美。而我最常打的位置是“第一排中锋”Scrum Center。这个位置的身材不一定要高大，但手脚必须灵活。两个边锋则是高大强壮者，他们俩在集团争球时把我架起，有时我两脚同时离地用脚快速勾球。我们得大专组亚军那次最后出战师大队，双方球员多是建中出身，先礼后兵，又愉快又斗狠。

那时只有台大、成大及中原三所大学有工学院，所以能考进是很大的荣耀。我念成大时在炮兵学校附近租房子，两间四个人住。有一个姓谢的建中时和我同班，粗壮，板桥农家出身，成大柔道队队长。我们俩人不太上课，也少念书，除了每天运动、吃狗肉、赌牌、喝便宜酒，弄得其他两个斯文的有点惶惑，怎么遇到这种工学院的学生。橄榄球队开过一次舞会，我也带谢同学参加，因为是同行或同类。有个家伙带了一瓶香水，蓝色的瓶子，形状很奇怪，是洋香水，但是里面装的是明星花露水。他每隔一阵子就向舞池人群上方空中洒香水，这种举动我认为是“惊人之举”了。那天舞伴都不是成大女生，也不知道是那里弄来的一批当地女孩子。我那时正在追求那个漂亮的北一女保送来的“十要”，我是没带她去这个舞会。

许多年后，有一天我到台大操场慢跑，遇到成大队出战台大队，很高兴地趋前与教练及球员交谈。我看成大队球员普遍比我们那时高大、英挺，气质也好，还有漂亮的女同学及护士随队，境遇是比我们那时好得多了。听他们说现在女同学都比较看好有“男子气概”的橄榄球员。我念成大时的校队还是以工学院学生为主，土木系居多，电机系一个都没有，可能与各系的气质及工作环境有关。因为土木系（“老土”）常有野外工程，开路架桥都是土木工程师；电机及信息一定在办公室内，即使化工及机械也常在室内或工厂内工作。队员普遍功课不怎么好，但是后来我们都在美国念到博士学位，可能身体比较好的缘故——读书坚持下去常和身体状况有关。多年后我在美国旧金山湾区遇见建中及成大土木系同队队友陈俊一博士及陈文雄博士，话旧，相当亲热。那时我的妻子任美国中国工程师学会会长，陈俊一学长是学会的理事，帮了她不少忙，部分也是基于和我同为橄榄球校队的友谊（陈学长当年就是我右手边锋）。那时我的妻子已对相当于橄榄球的美式足球相当感兴趣，对橄榄球员（包括我在内）的英勇也有进一步的了解及认同。一般认为打橄榄球除了技术及斗志以外，还要有“感觉”——穿上球衣外观英挺的话，就有潜力成为好球员，但我体型早已进入中年期，穿上球衣也不挺拔。

念大学时也曾有一次我在台北带一个娇滴滴、细瘦、张爱玲型的女孩——不是女友，长得还不错，听说常在校园独来独往，所以男生称她为“卓不群”——去看中华队出战日本橄榄球代表队，她看得茫然，这些人野蛮地抢球是怎么回事？战况激烈时，她轻轻告诉我想吃一支橘子雪糕。我听了大惊，值此中华民族生死存亡、四野杀声震天之际，怎么会联想到一枚雪糕上去？所以我未予理会，反正也不是我想追的女孩。

西方的文化源于希腊精神及基督教。奥林匹克运动会的特色是争胜，争第一，不是只有友谊及参加。因为只有第一才被人记得。这种争胜的精神影响当时希腊的军事、外交、戏剧等等，也影响了西方人的积极进取。日本有些橄榄球队在连败几场后，会采用一些仪式，如道士作法，来驱除恶运，据我所知成大队及建中队没有如此做过。另一个奥林匹克的特色乃公平性及道德性，正面及正当的竞争。这两种特色是西方的精神，也是橄榄球队运动的精神。橄榄球运动造就出尚武好战的球员，“二战”时美国登陆抢滩的海军陆战队战士，有许多是相当于英式橄榄球的美式足球员出身。橄榄球员在乱集团中抢球跑出，左冲右闯，犹如《三国演义》中所言“于千军万马中，取上将之头如探囊取物”，而且只“一盏茶的工夫”。换言之，橄榄球员在服役时多是在第一线作战、野战部队的军人，不是坐办公桌、中午回家吃饭的那种军人。“一战”爆发英国对德宣战之日，英格兰橄榄球队协会立即提供该会有历史性的球场圣地为陆军紧急练兵场，以主将为首全体球员在义务军志愿书上签名。其后英联邦共有五十八名国际级橄榄球员战死沙场。我们邻国的卢泰愚大统领年轻时曾是韩国陆军代表队的选手。

橄榄球校队队员一毕业就被称为OB（Old Boy之称）。所以成大校队寄信给我时不称“夏祖焯教授”而是“祖焯OB”。橄榄球员之间的感情比任何一种运动队员要强，因为是一种没有个人英雄、激烈、受伤率高的运动。即使毕业后成为OB，与敌队的OB相见，还是很亲切。有一次我在南欧洲旅行，遇见当年台大队的同一位置者，交谈十分愉快。我现在是建中校友会理事及建中文教基金会董事，每次开理事及董事联席会议时，有不少当年的建中或各大学橄榄球校队出席，大家穿着西装，两鬓微白，口袋里麦克麦克（出自聂绀弩《辈分，寿命，体格》，很有钱的意思），有崇高的社会或学术地位，开会结束肃立高声合唱建中校歌时，那种荣誉与岁月流逝之感，却是感慨万千。

我在写此文草稿时，看到报上新闻以建中校友为主干的桃园县队，在全运橄榄球比赛大胜宜兰县队，比数为九十比零，创有史以来得分最高纪录。

我已逐渐老去，回忆中愉快的事不是很多，想到当年在橄榄球场上冲杀。我想到的球场是在黄昏暮色中，我们在场上一边传球，一边发出像印地安人向被包围的美国骑兵要进行大屠杀前，挑衅而兴奋的尖声呼喊……那就是我生命中辉煌灿烂的夏日，夏日的光芒短促，但领受其中的快乐仍是令人欣愉。我们在球场上拼命奔跑，迫不及待地跑出校门。出了校门，仍然奔跑，跑进了更复杂的成人世界，却回返不了昔日朱墙内的风光。我把那些珍贵的东西遗落在成大的朱墙内。

附录2

昨　日

Deutschland!Deutschland!uber alles（德国！ 德国！ 高于一切）

——“二战”时德国国歌首句

你走在崎岖的山路上，冬日阳光筛过残叶及枯枝洒落，光影在径上移动。侧边浓密林中隐约传来海涛回音。我回头问你走得还好。你停下来，喘气，用德文回答：“Darf ich hier eine Rast machen？”（我能在这儿休息一下吗？）我停下来，前面登山的队伍逐渐拉远，终于消失。

我俩相对无言，我知你心中有事，却不愿问。因为，因为男人到了中年，心中的事不再对别人讲，成为寂寞的人。

我们在什么时候初遇？大概是十一岁念初一那年。有些朋友我幼年时相识，却未深交。有一个和我高中同班三年，印象中除了点头，似乎未曾交谈过。他却告诉我，第一次注意到我是建中高一那年，我在空荡荡的教室里吹口哨《费加罗婚礼》中那段著名的叹调《voi che sapete》（爱情的烦恼）。这同学是沉默寡言的人，和你一样听古典音乐，所以对我留下初次而深刻的印象。而他告诉我这话，已是数十年后的哀乐中年了。

我俩也是不同的人，犹记得第一次交谈是在由南到北的夜慢车上，座位很近，只隔走道。我发现你在看斯多噶学派的书；你发现我在看尼采。那时我们十八岁。尼采的非理性哲学吸引年轻人（也吸引了希特勒）应可理解，你为何阅读斯多噶的禁欲学说，却是费解。而我从未想过问你。尼采是德国人，以研究希腊悲剧起始，和同是源出希腊的斯多噶学派有某种模糊的关联。其实真正的关联是我们都是工学院二年级生。

那是我们在步入中年前唯一的一次深入交谈，以后各自远渡大洋后在新大陆上扎根。人生的第二个二十年比第一个二十年要快得多。下面一个二十年当然更快……再在阳光耀眼的伯克利街头相遇已是儿女成群。你问我是否仍在读德意志哲学。我说：已转向文学，且开始创作。你困惑地看着我，我笑笑，用手遮阳光。街上市声喧嚣，混杂陌生的人群扑面而来，一辆红色敞篷光亮小跑车炫耀地擦身掠过。

“文学是上苍的声音，创作是天职。如果不能创出美丽深刻的作品，我的生命即无意义。”我说。

“文学不等于整个人生。”你轻微摇头。

“是我的选择，我不需要去追求。”

“那是什么意思？”你收紧下巴问道，街面忽然沉静下来，阳光依旧。

“因为我就是艺术。”

你怔了一下，没有回答，大概被我的自信大言所慑。

彼此都陷在生活的纠缠中，偶然见个面。我买了新的步枪和手枪，数次相约到靶场射击。我们用望远镜看步枪射击成绩；也取下近距离手枪射击密密麻麻弹痕的靶纸做比较。显然你比我准确得多。实际上，预备军官入伍训练时你已是团上的射击选手。后来我入了野战部队步兵连做带兵军官，你却分发到不须射击准确的宪兵队。

你凭魄力、胆识和毅力建造了市中心最高的三栋大楼之一。其中一栋名普罗米修斯，是希腊神话中将火种带到人间的神祇。而他注定被天神宙斯锁在山顶的岩石上，每日兀鹰前来啄食他的肝脏，食而复生，终生受尽折磨不悔——人生是否即是不停的折磨及苦楚？大楼落成典礼那天是你人生的巅峰。你雇用了代表阿尔卑斯山的德意志民歌乐队来演唱，短裤、长线袜、绿色小呢帽沿插着羽毛，手风琴及啤酒的香味弥漫在大厅的空气中。乐队奏起动人的民歌，许多德意志后裔引喉高歌《你，你，将我摆在你心中》（Du, Du Liegst Mir Im Herzen）：

Und，und，wenn in der Ferne，

然而，然而如果相距如此遥远

Mir，mir，dein Bild erscheint，

对我，对我你的倩影依然出现

Dann，dann wunscht ich so gerne，

那么，那么我会愉快地祈盼

Das uns die Liebe vereint.

我们曾以爱情相连

然而，那时，那时人们却不知道这背后隐藏的危险与杀机。我为你主持落成酒会，我知道吗？

你我一直沉醉在德意志的哲学、音乐、历史、军事及文学中，也对日本的武士道、三岛由纪夫、大和号武藏号战舰，以及近代维新有深厚的兴趣。但是我们都曾投入那场激烈而混乱的保卫钓鱼台运动。花园角及日本领事馆前的示威游行，由广东口音浓重的香港青年领导高唱抗日歌曲，激动而热泪盈眶地振臂高呼："神圣的中国万岁！"那一刻，硝烟炮火突然弥漫，游行者脸上浮着杀气。也许战场能带给我们兴奋，甚至乐趣——为什么不是呢？

讲些轻松的吧！那次苏格兰的皇家风管乐队来旧金山湾区演奏，你知我喜欢这种有异国民族色彩的音乐，特别在一票难求的情况下请我去看。白天上了一天班，晚上听场上变化队形的演奏竟然不支，昏盹入睡。但是当乐队吹奏我喜爱的《Amazing Grace》时，我忽然醒来，你首次拍拍我肩膀。

你看我写的小说，有一次感慨地说："你小说中曾写道：一个爱情故事，可以写成一篇凄恻动人的小说，也可以描绘得丑陋不堪入目。"而那时，说这话时，我却不知你正走在那条曲折、美丽、盲目、迷宫似的感情羊肠小道上。有些事，没有结束，一直在流动，我们会罔顾开始和结尾的印象，因为不愿再去回忆那些情节。

你曾告诉我一个美国战斗机飞行员越战时被地对空飞弹击中，跳伞被俘，在战俘营苦撑六年，战争结束返乡。有一天他和妻子在小城餐馆进餐，有个人隔桌起身走向他说："你叫布兰普，越战时你在小鹰号航空母舰上飞战机，你被敌军打下来了。"

"你怎么知道？"布兰普问道。

“我给你塞装的降落伞。”那人说。

“你伞装得很好，要不然今天我也不会在这里了。”

布兰普那晚整晚不能入睡，想到那个人。想到小鹰号上不知见过那人多少次，连个招呼都没打过。因为他是战斗机驾驶员，而他只是个水手。

这个听来的故事对你似乎意义深刻,因为你是重情义,有荣誉感、敢作敢为的人。然而，后来的发展，为何爱情、友情、亲情都离你而去？你始料未及吧？

命运自古希腊即是人类挣扎不过的宿敌。你大起大落，破产、大车祸及重病并未击败你。可能越挫越强，因为你本来就是个斗士。那天晚上你来我家晚餐。餐后她上楼看电视及休息。我俩坐在起居室聊天，我放了华格纳的歌剧，一些贝多芬的音乐，还有“二战”时德国的军歌。我们以脚击拍，我引喉高哼，你以口哨声配合。似乎回到了第三帝国热血沸腾的时刻，军士的呐喊、马的嘶鸣、军靴在刺刀及火把的光芒下闪亮耀眼……你曾说性向测验决定你最适合做军人，我则适做政治家或刑事律师，然而我们都念了工程。你的机械及计算机特长反映在工程上，我除了数学超强外，并没有什么能与工程相连。那一晚你留到过了午夜才离开。第二天伊问我你向我说了什么？我说没说什么。伊沉默了一下，说道：“他有话要说，你没有觉察到。”如果我觉察到，晚上和你谈到那些，可能会避掉那场劫数。

然而枪击案终于发生，那就是命运。你后来告诉我连开两枪，打断那洋人的舌头及牙齿。

加缪在《局外人》中创造了一个非理性的枪击案，主角莫索开枪的动机是太阳太刺眼，他因而失去常态，在混乱的情绪、对方无抵抗的情况下，连开五枪射杀。我问你的公设辩护律师你为何开枪，还有他是否看过《局外人》那小说？

我在庭上看你穿着橘红色的囚衣，扣着手铐。你不支，趴在桌上睡着了，也没听到检察官和我之间激烈的辩论，直到法官制止。然而当问到我们之间的交往时，我告诉庭上我们的儿女还小时，曾共同出游或吃饭，小孩们玩在一起……温馨的一刻终于呈现在紧张肃杀的庭上，你的女儿们露出少女蔷薇妩媚的笑容。

金山湾大桥下骤然涌入清冷的云雾，红色庞大的桥身终于全部埋入灰白漫散的浓雾中。有一个美丽的女妖在晦冥中用高昂的音调唱一支神秘的歌曲，听不出那是法文、英文、德文或北欧的歌曲。我到海湾边圣昆丁重刑犯监狱看望你，你谢我为你订《世界日报》及不时通信。我们不是第一层的密友，你告诉了我一些心里的话，那是我永远不会告诉任何人的。你问我为什么大家都弃你而去，我无言。见面处并不完全是冰冷单调的水泥墙，但我隐约感觉到不祥与死亡的阴影。圣昆丁重刑犯监狱在海之滨，不少暴力电影以此为背景，一些著名的死刑犯在此了断。

这个世界从未像你看到的那么美丽与凄凉，因为它已不属于你的。

每次去看你，就想到两首我们曾熟悉的流行歌曲：《Unchained Melody》及《Green，Green Grass of Home》。前首是为加州的一座监狱作曲，被囚的犯人不知窗外的爱人是否仍然属于他——歌声如泣如诉。后首汤姆·琼斯用他充满感性的声音，唱出囚犯在狱中梦见绿草如茵的家园，在车站等他下车的双亲，以及秀发飘逸的女友。然后他醒了，那只是一场梦，四面冷冰的灰墙……我高声唱着，歌声透过青空，传越海湾，穿过狱墙，盼你能听到是为你而唱。你曾说你实在不想死，但你知日子不可能太多，只要在有生之年看到中国能在各方面击败日本，你即无憾而去！

你终于结束了你北美洲的噩梦。那些日复一日耀眼的加州阳光暴烈地晒着。然而那不是你生命中温暖的阳光，你生命中的阳光已被阴影夺去。你曾拥有过的，你终于都失去——爱情、财富、亲情、荣耀甚至生命。你回头作最后一瞥，高中红楼的旧梦、南台湾湿热的初夏、加州的阳光与阴郁、重刑犯监狱中恶形的囚徒、反日大游行的呐喊、核市温暖的人造天堂……我写这封信给你，写了很久，是我生命中写得最长的一封信。你已长埋地下，那没什么关系，我会遇到已过身的人。下次，将写下我和尼采相遇的那一刻，寄给你。

附录3

美丽中国的林间海音
——我与母亲林海音

编者按：夏祖焯教授的先慈林海音是《城南旧事》的作者，1918年出生于日本大阪，特收录此文以纪念林海音九九冥诞。

八达岭的长城迤逦绕巅。远看像条灰褐的长蛇，当地人把它当作圣灵。岭的西侧，延续着断垣残壁，人迹罕见。有人在断壁下发现一只已风干的小鸟骸骨，附着残余的蓝羽毛和红的嘴尖。北京的大学鸟类专家认出它是只台湾蓝鹊。这只蓝鹊千里迢迢飞来寻找什么？它迷了路？它是如何渡越那宽辽而波涛汹涌的台湾海峡？没有一个人能作解释。

她安静的躺在加护病房的病床上。身上脸上插了许多管子——她曾是一个充满了活力与欢笑的人。第一天入院医生即告诉我，她可能明天就会离开人间，但是122天过去了，她在等待什么？等着我领悟出什么她才走吗？从孩童时代开始，她即从不告诉我，永远留给我自己去领悟。一直到她的暮年，弥留之际，仍是如此。

林海音抱着稚年的夏烈

夏烈推着暮年的林海音

我和她在床前面对面，她有时醒着，有时瞑着眼，在她醒的时候，我要告诉她一些事。然而，要如何引起她的注意呢？我在记录板上画了一个小男孩，坐在漂流溪面的大木碗里，旁边写着《桃太郎》（momotaro）。那是小时她讲给我听的一个日本童话。我出神地坐在小板凳上，该是上托儿所的年龄，她反手拿着一本童话书，书上有些图画，黑白的，似乎与后来我读到的原著有些出入。有个图画是穿着和服的桃太郎双手撑开抓住碗边，木碗遇到河中漩涡打转。她告诉我，过了漩涡之后进入缓流，溪面很窄，两岸夹着低遮河面的樱花树。我会联想到满天无声纷纷飘落下的花瓣，坠在溪面上，被缓流悠悠带去。以后我长大一些，有时听她在屋里哼一只歌，调子优美，有些哀凄，也很缓慢，像是桃太郎木碗边的流水；又过了许多年后，我知道那歌的名字是《魂萦旧梦》，一首四零年代的中国老歌。前面几句是：“花落水流，春去无踪，只剩下遍地醉人东风。桃花时节，露滴梧桐，那正是深闺话长情浓……”那时我还很小，似乎没有可能见到狭窄的溪流、满天的星点、漂浮在水面上的花瓣，为什么由桃太郎会有那种联想？也许是她后来哼的《魂萦旧梦》给我那种感觉；也许，因为她是我的母亲，所以她心里想的传到我脑海里。

有时，我会想到另外一个医院，早年的台北"第一外科"，似乎离城中的铁道不远。她躺在靠窗的病床，有许多的光漫入，老式建筑，铁架的床，床边是个纯木制深褐色的台子。许多年后在美国看到上海制片厂出品的《城南旧事》，童星沈洁饰她的童年，到医院去看她的父亲，我才恍然大悟这是相似的场景、家具和相同的老式医院环境。那时我在建中念初中一年级，大概十二岁左右，穿了短裤，每天下课骑脚踏车去看望她。她刚做完一只乳房的切除手术，我没有癌症可能在数年内复发或流窜导致死亡的想法，因为年纪小，不懂那么多的事。她住双人房，以屏风隔开，进门是位三十出头的本省籍男士，浓密的头发，长得清俊，肤色略黑，沉默，从未见过笑容。我走过床边，他点一下头，并没有抬头看我，他的脖子下端贴着纱布绷带，因为癌症刚开过刀。脖子上开刀是哪一种癌症？会不会死？他是那么安静、忧郁、孤独，永远半躺在床上看书，看的都是日文书，可许是日本小说吧！有时她会隔着屏风用简单的日语和那年轻人交谈，那是我初次听到她整句的用日语和别人谈话。

她出院后不久，那个年轻人就死了。对我来说，并没有什么特殊的感觉，只记得她告诉我："那个人的日文真好。"许多年后，我开始在大学教授近代日本文学，说不定指定学生看的川端康成的《千羽鹤》、《雪国》等等，就是那时那个人躺在病床上人生最后的享受吧！

许多年以后，我终于到伊豆半岛重步川端笔下《伊豆舞女》的足迹。在一个乡村的小书摊上发现一本许多年前的日本小学课本，面已泛黄。我把它带回台北，卡桑（注：日语“母亲”）您看到，拿起来竟朗朗阅读，这几年来您因中风及脑萎缩已不看书报，为什么会突然朗读您平日不使用的日语，确是费解。小学课本上有昭和天皇骑在马上阅兵，兵士们的军服看来是二次大战时的情景，那些受检阅的部队，可否是即将来打中国的。卡桑，您生在大阪，第一语言不是台语，是日语，此外，您同父异母的姊姊是日本人，所以我的大表哥也是东京都成功富裕的商人。然而，卡桑，您独立创办的纯文学出版社却在当年出版了所有重要的抗日小说，如《滚滚辽河》、《蓝与黑》、《长夜》、《莲漪表妹》、《苍天悠悠》等。我也在居美国期间成为“抗日史实维护会”热烈的支持者。为了非右翼的留美学生“保卫钓鱼台运动”，我出国十年未能返台湾一步。有些人问我，你们这样做，不是自相矛盾吗？你们的近亲是日本人，而且中日战争结束已久？

但是，卡桑，您和我都知道，近百年中国的落后与贫穷，造成了某些国人丧失民族自尊心，甚至想做欧美人、日本人，以做中国人为耻。我念建中时，您认为我已够大了，您告诉我，“1950年11月，20万中国军队突然越过鸭绿江，在北朝鲜战场和联合国军队展开了一场你死我活的殊死战，在那个战争里，中国是一国打十八国，而最后打成平手，这是人类军事历史上从来没有发生过的事，中国人做到了！”卡桑，您和我都那么喜爱日本的文学与文化，也那么喜欢日本人的多礼及樱岛感伤而优雅的情调，但是，我们永远把自己的民族格置于一切之上。

卡桑，您躺在病床上，两眼空洞地望着我，您心中在想什么？

想以前？想现在？想以后？人说缱缠病榻，暮色近晚的时候最容易想起往事。我常带了台湾人老太婆喜欢的玉兰花给您，就像孩提时代，外婆常爱把玉兰别在胸襟上一样。玉兰花在病室中散着淡淡的清香，室中幽暗、静寂，您会想起牵着我的手蹒跚学步，您教我系鞋带，教我数手指，教我扣钮扣及穿衣服，您教我慢慢用汤匙吃东西，教我如何用一张纸擤鼻涕，您看到我第一次掉牙，第一次学自行车……这些儿时和您在一起的点点滴滴，那是多么令您怀念不已。此刻，您会想起什么？也许您会想着那个身高不到您胸部、理了个小平头跑来跑去的小男孩，天真地跑过来问您“我是谁？”

“你是戏里的主角。”您说。

“一切都是假的，是吧？”

“是的，一切都是假戏，但你是真实的，所以，你长得这么好。”

您继续说，“听我说，外面的世界，外面充满了谎言，虚伪，欺骗。但是在我给你建造的小世界里，你可安心地成长。你不必害怕，我比你更了解你自己，因为你是我造的……”

我长到您面部的高度，在国语实小的智力测验得到全校最高分——此生唯一的一次第一。您高兴地带着我到南海路旁吃一顿丰盛的中饭，然后进植物园看荷花。午后，大雨忽然倾如瀑布泻落，荷池绿叶上点点锤声，您用小扇子遮着头，牵我手急步在两个荷花池的夹道上奔跑，而我竟然发现已跑得比您还要快。我跑在您前面，牵着您的手，心中有着一些得意。啊，我要走出那个您建造的小世界了！

我终于长成了，还是在植物园对面的建中念书。您开始主编《联合副刊》，著名的“林海音时代”终于来临。在那十年的时光里，以及往后您创办纯文学杂志及出版社的期间，您像阳光一样照耀着许多茫然的年轻作家，为他们带来了温暖和激励，让他们在台湾文学的道路上大放光芒。卡桑，在一个男性中心的社会里，您要奋泳挣扎，您对任何人，甚至背着您的人都宽大为怀，从不出怨言、计较，那是何等的胸襟啊！然而，卡桑，您是有收获的，因为在我成长的岁月，您给我立下了一个心胸宽大的典范，那是一个子女从父母身上学到，无限的人格。就是在那些迷惘与困惑的日子里，站在窗前年轻的我，看见您远远由街头踏着平稳的步子走来，街的两旁，尽是亚热带初夏昏慵阳光下低矮的日式瓦顶房。许多交叉的光条在褐深带着烟熏细细裂缝的木板墙间穿梭，我犹记得，卡桑，您那时是那么年轻、自信及乐观。

* * *

然而黑夜终于到来。我被卷进那起与大陆有关的政治案件，资料竟然跟着走到任何一处。她也在我念成功大学时因“船长事件”而离开《联合副刊》。我记得外间风风雨雨，谣传她已被捕。

我回到台北去看她，她站在日式房屋的玄关上，平静一如往昔。她告诉我，她第一个长篇受读者欢迎：“主角是一个比我年轻许多的未婚女孩，一个和我不一样的人。”那个女孩就是“晓云”。晓云和她以前所写的女人的婚姻有相当大的不同，时代变了，女人变成有职业、有相当自主权，并不一定要用婚姻来改变自己的命运。她又告诉我现在不编《联合副利》，可以做一些其他的事了。我告诉她，我现在是大四生，已成为成大橄榄球校队的主力队员。如今想想，却也想不起我们还说了些什么。

我在出国留学时遭遇出境困难，终获解决，在混乱不明的情形下，仓促拿到了出境证。她从未说什么，但我可猜想到她一直在为这件事担心。

台北的春日细雨霏霏，我看到她走向菜市场的背影，有许多嘈杂的吆喝、车声、讨价还价声，潮湿的水门汀地，某一个年轻的母亲尖锐地斥骂她乱跑的小男孩，我心内百感交集——早晚要告诉她的。我坐的货轮“台中轮”晃呀晃，一路由高雄港，晃到了美国。在旧金山的观光点渔人码头匆匆找一份劳苦工，要维生也要靠这个凑足第一年念研究所的费用。而她在此时也应邀到美国访问几个月。

她到旧金山来看我，我刚上岸，人生地疏，体力劳工相当辛苦，还要躲避移民局捕捉非法打工者。那时我已决定与在台湾的政治主管部门决裂，学成得到工程博士后回大陆为祖国未来的建设效劳。我的心情既坚定又矛盾，既简单又复杂。我欠了出国债，我的精神不继，我的前途茫茫，我在渔人码头亲眼看到中国人被歧视，种族的纠纷就发生在你身旁。我困惑，我沮丧，然而中国的军队在中印边境彻底地击溃了印军使我兴奋。我又兴奋中国核武试爆成功。我们在我租的廉价单身公寓见面，两人面对面平静地谈话。我告诉她我有意学成后航向大陆，她知道在那种白色时代她可能会失掉她唯一的、她喜爱的、引以为荣的儿子。然而她并没有阻止或影响我的意图，只是低着头轻声说了一句："你有你自己的路子。"

又是多少年过去了，我学成未归祖国大陆，而是归了祖国另一块土地台湾。

* * *

卡桑，我又回到您的床前一阵子了。您一直在熟睡，我俯身叫您，您不醒。我每天来看您，由学校开车到石牌的振兴医院要一个半小时。有时白日尽时我已太累了，在雨水及黑暗中奋斗，永无休止地塞车。好几次，我挣扎到了病房，不久就伏在您床前睡着了。哈！我还告诉您一件趣事。那天塞车在新生高架桥上，大雨磅礴，我知道起码还要四十分钟才到，我尿憋急了，也顾不得没带雨伞，打开车门站在大雨中的高架桥上就地舒解。大概也算是一项金氏纪录吧！

我们谈到那里了，卡桑？喔，我们来谈谈“纯文学出版社”的结束吧！

那时您决定结束“纯文学”，结束您人生的一个阶段，老了。您把九万本存书全部捐赠各地图书馆、学校、慈善机构，数百本已买断的版权无条件还给原作者，干净利落地收场。为何结束，外界猜测纷纷，只有您和我知道为什么。

“纯文学出版社”是台湾第一个具有规模的文学专业出版社，在它二十八年的过程中，坚持“纯文学”的路线——以纯文学始，也以纯文学终，从来不出通俗文学的书。因为您从未说过以纯文学的优越性压倒通俗文学的话，我无法获知您对通俗文学真正的看法。然而您的作风给了我很大的启示。我清晰地了解，在我的身体里流着纯文学的贵族血液，我知道如何维护这个高贵的血统，不和通俗文学的“平民”血液相混，以免破坏了贵族血统的纯正性。这种血统与教育程度、财富、官位无关，而是和一个人的天生文学气质相关。文学的阶级性就在此呈现。

您站在出版社的窗前，望着窗外雨景，许多车子溅水而去，几个妇人撑伞小心翼翼地通过门前。一个运货工人以台语与您交谈，他工作一天才赚两三千元，车租就是六七百。您无奈地回答："人就是这样的嘛！"

工人又不经意地问您："公司关了，要移民出去？去美国？"

"我到美国去干什么？"您说，"这里是我的家乡啊！"

"纯文学出版社"关门了，我站在历史的尖端，文学在我面前。您是个代表，是个象征。您一直是个有胆识的女人，不只是作家，也是有眼光的领袖。领袖不同于经理，因为领袖要付出give，而不是收取take。您喜爱笨重的大象，不是灵巧的鸟，不是矫捷的花豹，不是多彩的热带鱼。因为象是负重，脚踏实地，重量级的哺乳类。您在国人尚无捐血观念，只有卖血的早年，就以一个年轻女性而去捐血，因为血库需要您的O型可以给大众的血。

我走到重庆南路上尚未处置的"纯文学书屋"废墟，立在许多的书籍、信件、废纸型及往事当中，忽然想起艾略特《四个四重奏》中的一首诗《焚毁的诺顿》（Burnt Norton）。我一直想象《焚毁的诺顿》是个战火废城，一个出自圣经或希腊神话的典故，直到在美国的网络上看到一位女士的造访叙述，才知道那是在英国一座废弃的庄园，真有恍如隔世之感。我还把造访的纪录及图片印下来，寄给余光中先生。

* * *

萧条庭院，有斜风细雨，重门须闭。宠柳娇花寒食近，种种恼人天气。

险韵诗成，扶头酒醒，别是闲滋味。征鸿过尽，万千心事难寄。

您忽然变得沉默了。偶尔有朋友来看您，只是安静地坐在那儿听他们聊天。也没有人问您什么话，因为大家知道您中风后也答不出什么。但是您仍保持着优雅的风度，而您也喜欢热闹，希望朋友来看您。

我回来这几年，您逐渐的衰老，病了，憔悴了，不再美丽了，然而回想您过去种种，我觉得您从来不曾如此美丽过。即使您的形貌不再美丽，那对我又有何区别呢？儿不嫌母丑，狗不厌家贫，这几年，您默默无言带给我的启示却是不尽的美丽。

卡桑，我在您病榻旁的纪录板上画了奈奈子、小次郎等童话人物。——我小时您给我讲的故事。我想，那时候很少有母亲会讲日本童话给子女。还有，我画了川端康成的《千羽鹤》及《雪国》——“穿过县境长长的隧道，便是雪乡了。夜色下，大地一片雪白，火车在信号所前面停下。”——您在我念建中时向我提到的一本小说。

我把您那张一米二见方的大照片，那张在三峡老街照的，挂在我研究室的墙上，桌子斜摆，这样我一抬头，您微笑地看着我。在您照片正对面的墙上，是庄因豪气潇洒的字幅“富贵不能淫，威武不能屈，贫贱不能移，此之谓大丈夫。”卡桑，那是您的写照。外公去世时您小学刚毕业，是长女，六个小孩和外婆就靠邮局的抚恤金过日子，坚强地挺过来。而正义感、是非心是男人特质，也是您的特质。我的妻子曾对我说过，“只有你知道她要的是什么。因为你是她唯一的儿子，你们身体里流着相同的勇敢、正直、爱国的血液。”

卡桑，我出生时口里含着一枚金钥匙，医师及院长在震惊中遍查医学文献不得其解。只有您毫不动容，因为您知道是怎么回事。我长大以后，您从未告诉过我要用这把金钥匙去开那一扇门——您要我自己去发现、去领悟。我知道了吗？我发现了吗？卡桑，我不需要您的庇护，不需要您的指导，但我需要您的启示，由这些缝隙中发现光亮。这一生，我与您聚少离多，但在我心中，一直以父母为荣。尼采把他的成就归于父母优秀的遗传；弗洛伊德认为一个男孩如果得到母亲的宠爱，终生就会以征服者自居。

几年前，您的病还未严重时，有一次紧急入院，医院太挤，只有三人一间的三等病房，临时又找不到看护。我睡在墙角的一张板子上，临时入院所以没有棉被枕头，我用外套做枕头躺下。另外两床病人的家属也睡在地上。半夜，您在黑暗中醒了，忽然坐起来，轻声叫我的名字。我迷糊地回答，我想，您是怕寂寞而叫我？怕生病？怕黑？而您却说，“你没有被，冷不冷啊？”像是对一个小孩一样，而您是在病中啊！我说“不冷”，我又趋前问您还好吧？您只满意地笑笑，没有回答，樱花纷纷落下，像雨，像水滴，像泪珠。

卡桑，不开车的日子，我坐捷运去看您，稍晚回来时，空荡的车厢和隆隆的车声并未给我以岁月之感。望着黑夜为衬底的车窗，我又会联想起《雪国》中岛村在车中窗看到令他倾仪的叶子那一幕。许多人无法了解为何一个工程博士转业为文学教授，也许有一天基因工程会找出答案，至今我仍然深信遗传对一个人的影响之大。

* * *

长亭外，古道边，芳草碧连天，晚风拂柳笛声残，夕阳山外山。

天之涯，地之角，知交半零落……

卡桑，离别的日子终于来到，您平静地在睡梦中离去。住院这段时间，我每天来看您，看您逐渐衰退的病体，我想到什么？我想到文学，我想到加缪《局外人》里的莫鲁梭，以及深泽七郎《楢山节考》里健壮的辰平背着他母亲阿伦上楢山，我想到……

卡桑，您最后的一段路没用轮床，是我用双手抱着您走去太平间。《楢山节考》中辰平背着母亲上楢山，他是壮年的农家男子，我不是。但我不觉得您的身体重，那一段由病房到太平间的路程中，我抱着您的躯体，心中充满了欣愉，您孕育了我，生了我，带我来到这个世界。如今，我能抱着您，带您离开这个世界，那是何等愉快及痛苦的经历啊！

在那之前，您要走的时刻，我说，您放心地走吧，我会替您一切安排好的，您走了以后，常常回来看我，因为我是您生的。

卡桑，这几年您缠系病榻，没有说什么话，没做什么事。这几年，您活得有意义吗？不管别人如何想，卡桑，让我告诉您我的感觉吧！我认为，我认为您还在，因为您不可能死去，您不可能离开，因为我不是上帝创造的，我是您创造的，是您的一部分分出来的，所以您一定在，永远在旁边。那不是梦境，不是虚幻，不是另一个世界，是现实的，您带我走过世界，那是北京的冬日，那是台北的街头。想到您，总是在白昼，许多的光，不是夜晚，因为夜晚是黑暗的，那不合乎您的个性。常常是有许多人的欢乐的画面，而今是您一个人的背景，那又似乎是不真实的。以前，我们曾常争执，因为我们俩都是表面温和有礼，实际上锲而不舍、近乎顽固的人。争吵归争吵，只要有您和我，事情一定办成。如今，我没有人争吵和竞争了。有些寂寞啊，卡桑，有些寂寞啊！

您躺在台北盆地的青草大地上，秋季开满了白芒花的大屯山是您的被，轻柔和缓的淡水河流呀流，静静地流过，流入您的梦中，静静的。卡桑，您走时我并未梦到您，在和您独处一室的十小时守灵中，我一度疲倦入睡，您也未曾入梦。但是我领悟到了，您在呼吸，或不再呼吸，对我来说没有区别，因为您会永远存在的。卡桑，我说，您走了以后，要常常回来看我啊！

您果然回来了！

* * *

卡桑，夜已将尽，黎明即将到来，我彻夜未眠。前尘种种，往事如烟，我又回到桌前，对您说话，告诉您我心里的想法。您已走了，现在，在我写这文章时，您又活了。您不会孤独，在您躺的上方，您听到我孩童时细碎的脚步声，我找到了您，您听到我的声音，于是您所有的梦又回到了甜蜜与温暖——那个留了小平头跑来跑去的小男孩，用他稚气的声音说“我爱你，妈。”于是您安心而满意地进入梦乡。

一阵强烈的东北风，载着您，在空中飞，飞到我窗外，您微笑地看着我，而此时我也望着窗外，看到您在天空中飞翔。您敲敲窗子，要看看那个小男孩怎么样了。他长大了吗？他苍老了吗？

卡桑，我倦欲眠，Ich bin muede，ich moechte schlafen（编者按：德文“我很疲倦，我想睡了”）。Bitte fliegst du weiter.您继续飞吧，卡桑，卡桑。

您飞过台北，飞过淡水河，飞过大屯山脉，飞过台湾，您的家乡。

您飞过日本，您出生的地方，樱花开满了遍山遍野；您飞过太平洋飞到北京，您成长的地方，您飞到长城。您飞得太久，飞得太累了，飞得那么长，然而您飞了一辈子，现在还在飞，不停地飞，您听到了松树林间海涛的声音，在美丽中国的大地上……